आकाश सूर्य धरती और मनुष्य

डॉ राजेंद्र कुमार

INDIA · SINGAPORE · MALAYSIA

Notion Press Media Pvt Ltd

No. 50, Chettiyar Agaram Main Road,
Vanagaram, Chennai, Tamil Nadu – 600 095

First Published by Notion Press 2022

ISBN 979-8-88521-251-9

अनुक्रमणिका

आभार

लेखक अपने पुत्र डा. (सर्जन) अनुराग कुमार और पौत्र (इंजीनियर) ऐश्वर्य माथुर का बहुत आभारी हुं जिन्होनें इस पुस्तक के प्रकाशन में लेखक की मदद करी।

लेखक का परिचय

काशी हिन्दू विश्व विद्यालय से धातु कर्म इन्जीन्यरिंग में वर्ष 1950 में स्नातक होने के बाद शेफील्ड युनीवर्सिटी, यू.के. से M.Met., और Ph.D करने के उपरान्त युनीवर्सिटी ने उनको D.Met., डिग्री से १९७४ में सम्मानित किया। भारत सरकार ने इनको National Metallurgists Day Award से भी सम्मानित किया १९७९-८. मे ऊनको एस्ट्न यूनिवर्सिटी, बरमिंघम, यू.के. ने Visiting Professor पद पर एक वर्ष के लिये आमंत्रित किया। भारत सरकार ने दक्षिणी अमेरिका के कुछ देशो में भेजे गये अपने प्रतिनिधी मंडल मे सदस्य के रूप में शामिल किया। UNIDO ने विकासशील देशो कि धातुकर्म से सम्बन्धित उद्योग की ज़मीनी हालत से अवगत कराने के लिये भेजा।

कई वर्षों तक जमशेदपुर की राष्ट्रयीय प्रयोगशाला में साइन्टिस्ट डयरेक्टर रहने के बाद, भोपाल की सीएसआइआर की रीजनल रिसर्च प्रयोगशाला के डायरेक्टर रहे।

1989 में सेवा निवृत हो जाने के बाद अपनी पुत्री डा. श्रुती माथुर, एमिटी यूनिवर्सिटी, जयपुर के अनुरोध से पर्यावरण और पानी की उपजती कमी की ओर ध्यान आकर्शित करने के काम से जुड़ जाने का दबाव डाला। इस उपलक्ष्य को हासिल करने के उद्देश्य से उसके साथ Water on Earth (Rawat Publishers, Jaipur) और धरती पर पानी (राजस्थान हिन्दी ग्रन्थ अकादमी) पुस्तकें प्रकाशित करीं। फिर छत्तीसगढ हिन्दी ग्रन्थ अकादमी ने इनकी पुस्तक "पानी की व्यथा, बच्चों ने सुनी कहानी नाना

की ज़बानी", प्रकाशित करी। धातु-कर्म इन्जियरिंग पर अंग्रेज़ी भाषा में कई पुस्तके प्रकाशित हुईं हैं।

अब बिलासपुर (छत्तीसगढ़) में अपने पुत्र डा. (सर्जन) अनुराग कुमार व पुत्र-वधु डा. शालिनी के संरक्षण में रह रहे है। लेखन व अध्यन कार्य में व्यस्त रहते हैं। सम्पर्क - rajenkusum@gmail.com फोन 9752091963.

पुस्तक के बारे में

पुस्तक में आकाशमण्डल और सूर्य, पृथ्वी, पानी और मनुष्य आपस में अप्रत्याशित रूप से जुड़े, विषयों पर चर्चा करी गई है। खगोल शात्र में यह हमेशा कौतुहल का विषय रहा है कि आकाश, तारा मण्डल आदि का कब और कैसे अस्तित्व हुआ। सूर्य और सौर मण्डल कब और कैसे बने। क्या वे अमर है या उनका भी अन्त होना निश्चित है।

पृथ्वी का जन्म सूर्य से हुआ है; वह जन्म के समय आग का गोला थी। उसकी अग्नि भी सूर्य की दी हुई थी। स्पष्ट है कि उस समय वह अपने ऊपर सृश्टि नहीं सम्भाल सकती थी। उसको सृष्टी सम्भालने लायक बनने के लिये तीन बार अपना "कायाकल्प" करना पड़ा, अथवा अवतार लेना पड़ा। तीसरे "अवतार" में उसने धरती रूप धरा। वह कैसे आबाद हुई! इस विषय पर निबन्ध पौणानिक गाथाओं और वर्तमान वैज्ञानिक चिन्तन का मिश्रण है।

पेड़-पौधे, कीड़े-मकोड़े, मनुष्य आदि पाँच सार्वभौमिक तत्वों के बने हुये हैं - "क्षिति जल पावक गगन समीरा; पन्च तत्वों बना शरीरा। प्रश्न यह है कि आकाश के अलावा बाक़ी चार "तत्वों" कैसे आये। इन सब विषयों की चर्चा इस पुस्तक में है।

हवा का धाम तो अनन्त आकाश है किन्तु पानी के धाम तो धरती मे और धरातल पर हैं। वे समस्त धरती पर बराबरी से बँटे हुये भी नहीं हैं। एक बार नष्ट हो गये तो फिर से बनाये भी नहीं जा सकते। इनकी विस्तार से चर्चा करी गई है।

पृथ्वी ने सूर्य की दी हुई आग को अपने धरती रूपी अवतार में अपने गर्भ में क़ैद कर लिया। अग्नि वैसे तो सब भस्म कर देती है पर "क़ैद" अग्नि "वैश्वानार" के रूप में जगत की पालनहार है। इसके वैश्वनार रूप धरने के दौरान ही महाव्दीप, पहाड़, पहाड़ी मैदान, नदियाँ, ताल-तलैय्या, खेती योग्य ज़मीन बनी।

जीवन के लिये पानी परमावश्यक है। इसलिये इस विषय पर विस्तार से चर्चा की गई है। मनुष्य का अवतरण धरती पर कब, कहाँ और कैसे हुआ इस गूढ़ विषय पर प्रारम्भिक जानकारी दी गई है।

आकाश, सूर्य, धरती और मनुष्य संसार बना ब्रह्मण्डीय धूल में चिनगारी से

(भू-गर्भीय और अन्तरिक्ष शास्त्रो पर आधारित वृतान्त)

लेखक

डॉ राजेंद्र कुमार

(सेवा निवृत निदेशक, सी.एस.आइ.आर - रीजनल रीसर्च लैबोरेटोरी, भोपाल; उससे पूर्व, साइन्टिस्ट-डाइरेक्टर - सी.एस. आइ.आर-राष्ट्रीय धातुकर्म प्रयोगशाला, जमशेदपुर। सम्पर्क rajenkusum@gmail.com)

समर्पण

माताश्री स्व. पार्वती देवी, पिताश्री स्व. प्रोफेसर डा. श्याम नरायण माथुर और मेरी जीवनसाथी स्व. श्रीमती कुसुम माथुर कुमार की दिव्य आत्माओं को श्रद्धा पूर्वक नमन करते हुये। हृदय मसोस कर रह जाता हूँ कि जिन तीन ने मुझे प्रथम इन्जीयरिग विषय पर पुस्तक लिखने के लिये प्रोत्साहित किया था, उन्ही तीनों की पावन स्मृति में यह पुस्तक समर्पित है।

विषय सूची

अध्याय 2 - अग्नी-स्वरूप में पृथ्वी का जन्म

अध्याय 3 - पृथ्वी पर महाव्दीपों का बनना

अध्याय 4 - धरती पर मनुष्य का आगमन

प्रस्तावना

मुझे याद है गर्मी की छुट्टियों में घर की छत पर रात्रि में सोते समय लेखक के पिताजी, स्व. डा. श्याम नरायण माथुर, प्रोफ़ेसर, किन्ग जॉर्ज मेडिकल कॉलिज, लखनऊ, वैज्ञानिक आधार लिये प्रकृती से जुड़ी कहानियाँ सुनाया करते थे। उन्होंने लेखक को बचपन में ही सौर और आकाश मण्डल, सूर्य के ग्रहों, आकाश-गंगा आदि से परिचित करा दिया था। उन्होंने बताया था कि पृथ्वी का जन्म सूर्य से हुआ है और चन्द्रमा का पृथ्वी से, पर चन्द्रमा पर वायुमण्डल और पानी नहीं है।

सेवा निवृत हो जाने के बाद, लेखक ने भौमिकी व पृथ्वी-विज्ञान (अर्थ साइन्सेस) का स्वाध्याय किया। पूज्य पिताजी की जगाई हुई अलख को बच्चों में, राष्ट्र भाषा के माध्यम से फैलाने का निश्चय किया। स्कूली पाठ्यक्रमों मे इस तरह के विषयों पर, तब और अब भी, पढ़ाई नहीं होती। न ही घरों में ऐसा वातावरण है जहाँ दादा-दादी या नाना-नानी से बच्चे कहानी सुनते हों।

पुस्तक में इन विषयों पर, विशेषकर पानी के धामों पर, चर्चा की गई है। पानी के अभाव में धरती पर "जीवन" असम्भव है। सृष्टि के आरम्भ में धरती पर जितना पानी था, उतना ही आज भी है। उसमें वृद्धि की कोई सम्भावना नहीं है। पर उसका उपयोग निरन्तर बढ़ता जा रहा है। विशेषज्ञो का अनुमान है कि निकट भविष्य में सारा संसार पानी की घोर कमी से जूझ रहा होगा। इनमें सब से प्रमुख है पानी के धामों (धरती के भीतर पानी इकट्ठा करने के स्थान) का मानुष्यिक हरकतो से विनाश

होना। इसका नतीजा यह है कि अब पानी के लिये भारत समेत सारे संसार में त्राहि-त्राहि मची हुई है।

धरती के भीतर अग्नि क़ैद है। इस अग्नि की बदौलत ही धरती पर जीवन है। अग्नि तो पृथ्वी पर भी थी, किन्तु वह इतनी प्रचण्ड थी कि उसमे सब भस्म हो जाता। ब्रह्मा ने अपनी सार्वभौमिक शक्तियों द्वारा इस अग्नि को धरती के भीतर क़ैद कर दिया। पर अब जिस अग्नि से धरती जीवन पनपाती है, वह “विश्वनारा” कहलाती है।

स्वच्छ और मीठे पानी का एक मात्र साधन वर्षा है। इस्तेमाल किये हुये पानी का वर्षा “वैश्वनारा” द्वारा ही नवीकरण करती है।

पुस्तक 13 अध्यायों में बँटी हुई है। इस पुस्तक में आधुनिक वैज्ञानिक दृष्टिकोण और वेदिक दृष्टिकोण दोनो के समन्वय करने का अनुभव प्रयास किया है।

-ooo-

अध्याय 1

व्योम, आकाशमण्डल और सूर्य मण्डल

पृथ्वी का जन्म सूर्य से हुआ है। इसलिये उचित है कि आकाशमण्डल और सूर्यमण्डल के बारे में चर्चा करी जाय। प्राचीन ऋषि (उस काल के “वैज्ञानिक”) अपने गूढ़ ज्ञान को जनता तक पहुँचाने के लिये साधारण भाषा को चुनते थे, जो वैज्ञानिक तथ्य के निकट तक पहुँती है।

आकाश मण्डल और वैदिक ऋषी

रात्री में आकाश की ओर निहारने पर अनगिनित तारे झिलमिलाते नज़र आते हैं। अनन्त काल से, यह जिज्ञासा मनुष्य के मन में जगी हुई है कि क्या यह सब हमेशा से थे या इनकी भी कभी उत्पत्ती हुई थी। क्या इनके अस्तित्व के पहले सब शून्य था? कुछ दशक पहले इसका उत्तर था कि ये सब धरती पर सृष्टी शुरु होने के पहले से ही आकाशमण्डल में मौजूद थे! विज्ञान इस कथन को स्वीकार करने के बदले उसकी जड़ो तक गया। पर इसके लिये उसे वैदिक ज्ञान को आधार स्तम्भ बनाना पड़ा।

बिना वैज्ञानिक उपकरणो के आकाशमण्डल के बारे में वैदिक ऋषियो ने ऐसी-ऐसी बातें बताईं जिनको जान कर आधुनिक वैज्ञानिक दाँतों तले उंगली दबाते है। इसके कुछ चुने हुये दृष्तान्तों का वर्णन इस अध्याय में करा गया है।

ऋषियों ने अपने आश्रम में बैठे-बैठे ही तारा समूहों की पृथ्वी से दूरी भी बताई, जिनकी पुष्टी आधुनिक विज्ञान ने अब उपकरणो की सहायता से करी। उदाहरण के लिये "हनुमानचालीसा" में जो सूर्य की पृथ्वी से दूरी बताई गई है, वह सही पाई गई है।

साधारणतया हम यह समझते हैं कि प्रकाश एक स्थान से दूसरे पर तुरन्त पहुँच जाता है। किन्तु यह सत्य नही है। प्रकाश भी एक स्थान से दूसरे स्थान तक जाने में समय लेता है। प्रकाश फैलने की गति 300,000 कि.मी प्रति सेकण्ड है। यह इतनी तेज़ है कि धरती पर हम यही समझते है कि प्रकाश एक स्थान से दूसरे तक तुरन्त पहुँच जाता है। सूर्य का प्रकाश धरती तक आने में 9 सेकण्ड समय लगता है। पृथ्वी के उपग्रह चन्द्रमा से मात्र 1.33 सेकंड्स में ही प्रकाश आजाता है क्योंकि इसकी पृथ्वी से दूरी सूर्य की अपेक्षा में बहुत कम है, मात्र 2,40,000 मील या 3,84,400 कि.मी. है|

सूर्य का अपना प्रकाश है पर चन्द्रमा का नहीं। उसकी चमक का स्त्रोत सूर्य की किरणें ही हैं जिनको चन्द्रमा अपने धरातल से परावर्तित (reflect) कर स्वयं चमकने लगता है|

धरती के गोलाकार होने के कारण, उसके धरातल पर वक्रता (curvature) है। इस कारण मनुष्य केवल 3 मील अथवा 4.8 कि.मी. तक की दूरी तक ही देख पाता है।

प्रकाश-साल और ध्रुव तारा

तारे, पृथ्वी से सूर्य की अपक्षा इतनी अधिक दूरी पर हैं कि उनकी दूरी करोड़ कि.मी में नही व्यक्त करी जाती। वहाँ से प्रकाश आने में इतना अधिक समय लगता है कि खगोल शास्त्री उस दूरी को "प्रकाश साल" में बताते हैं। एक "प्रकाश साल" में

प्रकाश 9,500,000,000,000 कि.मी. दूरी तय करता है| इस माप के अनुसार सप्तऋषी तारा मण्डल धरती से 46 प्रकाश साल दूर है।

उत्तर की दिशा में देखने से जो तारा सब से अधिक चमकता हुआ दीखता है, उसे ध्रुव तारा कहते है। वह हम से 390 प्रकाशवर्ष दूर है। यह हमेशा एक जगह चमकता हुआ दीखता है। इस वजह से नाविक और रेगिस्तानो में लम्बा सफर करने वाले काफिले इस तारे से दिशा निर्देशन लिया करते थे। धार्मिक लोक कथाओं में इसे बालक ध्रुव का तारा कहते हैं।

ऋषियों ने इन तारों की धरती से दूरियों का ठीक आंकलन कैसे कर लिया था - यह सोचने का विषय है।

ध्रुव तारे की लोक कथा

बालक ध्रुव के पिता राजा उत्तानपाद थे। यह स्वयंभू मनु के पुत्र थे। (ब्रह्मा ने आत्म-शक्ति द्वारा संसार के समस्त जीव-धारियो, मनुष्य समेत, उत्पत्ति करी थी) उनकी दो पत्नियाँ थी। एक दिन जब विमाता के सामने ध्रुव पिता की पीठ पर चढ कर उछल-कूद मचा रहा था तब विमाता ने उसे ताना दे कहा कि पिता की गोद में खेलने का उसे कोई हक़ नहीं है। उसके पिता, राजा उत्तानपाद, ने इसका तनिक भी विरोध नहीं किया। जब ध्रुव ने अपनी माता को अपना रोष जताया तब उसकी माँ ने सलाह दी कि संसारिक पिता की गोद के बदले, वह परम पिता की गोद हासिल करे। पर इसके लिये उसे भगवान से याचना, घोर तपस्या, द्वारा करनी होगी।

बालक ध्रुव ने तपस्या करने का निर्णय करा। उसे यह मालुम था कि तपस्या करने से भगवान दर्शन दे कर अपने भक्त की सारी इच्छाये पूरी करते है। वह जंगल जा कर घोर

तपस्या में लीन हो गया। उसकी छै माह की तपस्या से प्रसन्न होकर भगवान ने उसे दर्शन दिये और आशीर्वाद दिया कि उसे संसारिक पिता के बदले परमपिता यानी परमात्मा की गोद उसको पृथ्वी पर अपना जीवन समाप्त करने पर मिलेगी और वह ध्रूव तारा बन कर आकाशमण्डल में एक जगह स्थिर रह कर सारे विश्व का मार्ग-निर्देशन भी करेगा।

ऋषियों ने धरती पर बैठे-बैठे ही बता दिया था कि ध्रुव तारे का आकार सूर्य से 30 गुना अधिक है तथा उसका प्रकाश सूर्य से 22गुना अधिक तेज़। हम उसके प्रकाश की तीव्रता (गर्मी) नहीं महसूस करते क्योंकि इसकी हमसे दूरी 390 प्रकाशवर्ष है जब कि सूर्य प्रकाश हम तक मात्र 9 सेकण्डों में आ जाता है। कुछ खगोल-शाष्त्रीयों का मत है कि यह तारा अपने आकाशमण्डल के बाहर है।

आकाशमंडल के कुछ तारा-समूह

तत्कालीन "ऋषियो" ने आकाशमण्डल के सब तारों को कई अलग-अलग समूहों या मण्डलों में बाँटा था, जो आज भी स्वीकार है। जैसे "मित्र" (Proxima Centauri) तारा-मण्डल। यह सौर मण्डल से दस ख़रब कि.मी. दूर (4.2 "प्रकाशवर्ष दूर) पृथ्वी का सब से नज़दीकी तारा मण्डल है। वास्तव में मित्र तारा मण्डल मे तीन तारे शामिल हैं। इसका एल्फा सेनटॉरी चौथा सब से चमकीला तारा है।

एक अन्य समूह का नाम सप्तऋषी तारामण्डल है। सातो तारो के नाम प्राचीन ऋषीयों के नाम पर हैं - वसिष्ठ, कश्यप, अत्रि, जमदग्नि, गौतम, विश्वामित्र और भरव्दाज। वास्तव में ऋषियो ने यह देख लिया था कि वशिष्ठ के साथ एक तारा "अरुन्धति" भी है। यह एक दूसरे की परिक्रमा करते हैं मानो अरुन्धति वशिष्ठ की पत्नि हो।

आश्रम में बैठे-बैठे ऋषी तारों की दूरी कैसे पता करते थे

पौणानिक ऋषी अपनी आत्मा को अपने तपोबल से शरीर के बाहर इस तरह निकाल लेते थे कि धरती पर शरीर जीवित ही रहता था पर आत्मा आकाशमण्डल में इच्छानुसार भ्रमण कर सकती थी। उनकी आत्मा शरीर से निकल कर सप्त ऋषी तारा मण्डल तक की यात्रा "परमाणु" (समय की लघुत्तम इकाई) समय में करने में सक्षम थीं। पृथ्वी से उनकी दूरी आदि का माप जो उन्होने तब बताया था, वह आधुनिक वैज्ञानिक उपकरणो से निकाले हुये माप से बहुत मेल खाता है। ऋषीयों नें धरती पर बैठे-बैठे इस दूरी का पता कैसे लगाया, यह एक गूढ़ प्रश्न है, जिसका उत्तर देना कठिन है।

वेदो के अनुसार, आत्मा ब्रह्माण्ड में अपनी इच्छानुसार भ्रमण करती है। उसे समय की सीमा बाधित नहीं करती। भ्रमण करने में वह "परमाणु" समय में ब्रह्माण्ड के एक छोर से दूसरे छोर तक का सफ़र कर सकती। यानी ऋषी शरीर से आत्मा बाहर निकाल लेते थे और केवल उनकी आत्मा भ्रमण करती थी और धरती पर उनका "मस्तिश्क" आत्मा का संदेशा ग्रहण करता था। यह बात आधुनिक विज्ञान की समझ के बाहर है।

व्योम और आकाश - ब्रह्माण्ड का बनना

खगोल शास्त्रियों का मानना है कि 14.5 ख़रब साल पहले, व्योम (ब्रह्माण्ड) आज से बहुत छोटा पर अत्यधिक अधिक गरम था। उस में अनगिनित परमाणु और उनके सूक्ष्माणु अति तेज़ गति से भ्रमण कर रहे थे। इस अवस्था को एस्ट्रोनोमिकल विज्ञान (astronomical sciences) में धूल (dust) शब्द से भी सम्भोदित करा जाता है। इस धूल का घनत्व बहुत अधिक था। स्वतंत्र तेज़ रफ्तार से व्योम में भ्रमण करते समय "धूल"

के कणो के आपस में टकराने से चिनगारी (अग्नि) निकलने से भयानक विस्फोट हुआ। इसके साथ ब्रह्माण्ड मे तारे जगमगाने लगे।

उपनिषदों के अनुसार ब्रह्मा ने सब से पहले आकाश बनाया जिसके फैलाव की कोई सीमा नहीं है। उसमे एक "सुपर नोवा" के फटने से आकाशमण्डल मे अनगिनित तारे चमकने लगे। उनकी चमक का कारण उनका अपने में अपरिसीमित मात्रा में मौजूद नाभिकीय ईंधन **(nuclear fuel)** है। उनकी चमक और ताप सूर्य से कहीं अधिक है। उनसे निकलती प्रकाश तरंगे ही ताप लाती हैं।

जिस तारे का नाभिकीय ईंधन समाप्त हो गया है, वह मृत तारा या सुपरनोवा कहलाता है। इसमें से गामा रे, एक्स रे, अल्ट्रा-वायोलेट रे, इन्फ्रा रेड रे निकलती रहती हैं। यदि मृत तारा विस्फोटित (फटने) होने के बदले अन्तःस्फोटित होता है यानी अन्दर की दिशा में विस्फोटित (implode) होता है तो वह ब्लैक होल (Black hole) बनाता है। ब्लैक होल का गुरूत्वाकर्षण बल इतना अधिक है कि वह प्रकाश तरंगो को भी अपने भीतर खींच लेता है।

सुपर नोवा का फटना और ब्रह्माण्ड का जन्म

खगोल शास्त्रीयों का कहना है कि आज से लगभग ४.५ खरब साल पहले, व्योम में एक सुपरनोवा फटा। सुपरनोवा फटने से एक भयंकर धमाका हुआ और व्योम में चौंधिया देने वाला प्रकाश और साथ में ताप उर्जा निकली। इस चौंधियाने वाले प्रकाश की तीर्वता को वेदों में आदि शक्ति - अम्बादेवी का स्वरूप मान कर, उसका बखान उनकी आरती की निम्न लाइन से व्यक्त किया गया हैः ॐ जय अम्बे गौरी, मैय्या जय श्यामा गौरी .... *कोटिक चन्द्र दिवाकर सम राजत ज्योति*।

इस घटना से व्योम का तापक्रम इतना अधिक होगया कि परमाणु स्वतंत्र रूप से नहीं रह सकते थे। उनका विघटन - इल्क्ट्रोन्स, प्रोट्रोन्स और उनके और छोटे अंश सूक्ष्माणुओं में हो गया। वे बेहद तेज़ गति से व्योम में भ्रमण कर रहे थे।

छोटे अंशो की व्याख्याः तुलसीदास रामायण में

समय के छोटे अंशो की व्याख्या तुलसीदासकृत रामचरित्रमानस के लंकाकाण्ड के निम्न दोहे में करी गई हैः

“लव निमेष परमानु जुग बरष कल्प सरचंड,

भजसी नमन तेहि राम को कालुत्रास को दण्ड”

अतार्थ लव, निमेश, परमाणु वर्ष, युग और कल्प जिनके (राम) प्रचण्ड बाण है जिनको वे (राम) अपने कालरूपी धनुष से लाखो की संख्या में एक साथ छोड सकते हैं, हे मन! तू उन श्री राम को क्यों नहीं भजता। यदि श्री राम श्रष्टि कर्ता हैं तो वे पापियों का नाश करने में ज़रा भी नहीं हिचकते (खर, दूषण और रावण का वध)। यह दोहा तो तुलसीदासजी ने राम के प्रति अपनी श्रध्दा व्यक्त करने के लिये लिखा था। उनके समय में आधुनिक वैज्ञानिक चिन्तन का जन्म नही हुआ था।

इस दोहे का आध्यात्मिक मतलब गूढ़ है। आधुनिक वैज्ञानिक सोच है कि इस दोहे में सृष्टि रचना का रहस्य छुपा हुआ है। जितने कम समय में राम एक बाण छोड़ते उतने ही समय में उन्होने या आदिशक्ति ने पूरे ब्रह्माण्ड की रचना कर डाली। जैसे ही उन्होने “बाण” छोड़ा, व्योम में ज़बरदस्त धमाका हुआ, मानो किसी ने बारूद के गोदाम में चिनगारी लगा दी हो। इससे व्योम आकाशमण्डल में बदल गया यानी उसमें अनगिनित तारे झिलमिलाने लगे।

इस विस्फोट से हमारा सूर्य नहीं बना। सूर्य का जन्म बहुत बाद में हुआ।

विस्फोट की चिनगारी का वैज्ञानिक स्वरूप - मानस कण

जिस कण के व्दारा यह विस्फोट हुआ, उसको वैज्ञानिक God Particle अथवा ब्रह्म कण या मानस कण कहते हैं। विश्व के प्रख्यात वैज्ञानिक इस दोहे में सौर मण्डल के गठन का रहस्य छुपा मानते हैं। वे इसके गूढ़ रहस्य को उजागिर करने के लिये प्रयत्नशील हैं। इसलिये इसके प्रत्येक शब्द की व्याख्या करना ज़रुरी है। वास्तव में इसके सब शब्द समय के माप हैः

परमाणु समय की लघुत्तम इकाइ है और उससे अधिक समय की व्याख्या निम्न हैः

2 परमाणु = 1 अणु

6 अणु = 1 रेणु

3 रेणु = 1 त्रुटि

100 त्रुटि = 1 वेध

3 वेध = 2 लव

3 लव = 1 निमेश (पलक झपकने का समय)

3 निमेष = १क्षण

आधुनिक समय में रसायन शास्त्र के Elements या तत्वो के सब से छोटे टुकड़े को परमाणु कहते हैं, उसका भार होता है। किन्तु रामचरित्रमानस में तुलसीदास ने इसका उपयोग समय के सब से लघुत्तम इकाई के लिये किया है।

आधुनिक वैज्ञानिक इस गूढ़ विषय का तरह-तरह से अध्ययन कर रहे हैं।

सूर्य का जन्म - आदिनाड Big Bang Theory

खगोलिक वैज्ञानिक मानते हैं कि आकाशगंगा, (milky way) जो रात्रि में अस्पष्ट धुँधले बादल समान उत्तर-द्क्षिण दिशा

में फैली दीखती है, उसका अन्तिम छोर उपरोक्त घटना जैसी दूसरी घटना के लिये तैयार हो रहा था। फिर उसमें भी भयानक विस्फोट के साथ यह घटना घटी और साथ में आकाशमण्डल में सूर्य का जन्म हुआ। इसको Big Bang Theory Theory कहते हैं। उससे उठी गूँज को आदिनाड अथवा ब्रह्म नाड कहते हैं। पुराणो में आदिनाड को ओंऽम (ॐ) शब्द से व्यक्त करा गया है।

आधुनिक वैज्ञानिक चिन्तन

वैदिक चिन्तन आध्यमिकता पर बल देता है औरे इसके व्दारा अभूतपूर्व ज्ञान भी हासिल हुआ है, जिसके एक पहलू का ज़िक्र ऊपर करा है। इसका विस्तार से वर्णन वेदो में किया गया है। इस गम्भीर विषय के बारे में अधिक जानकारी इक्ट्ठा करने की नियत से पश्चिमी वैज्ञानिको ने वैदिक ग्रन्थों को खंगाल डाला। उनमें उन्हे एक शब्द मिला कि सारी सृष्टी ब्रह्माजी की "मानस" शक्ती व्दारा ही बनी है। मानसशक्ति को पश्चिमि भौतिक शास्त्रियों ने "मानसकण" अथवा "ब्रह्मकण या "God particle" नाम दिया।

अग्नि भगवान का स्वरूप

वैदिक चिन्तन के अनुसार ॠग वेद में यह स्पष्ट तौर पर कहा है कि अग्नि भगवान (सृष्टी-कर्ता) का वास्तविक रूप है क्योंकि उसी की ही शक्ति से तारों और सूर्य-मण्डल का जन्म हुआ है। अग्नि के कई रूप हैं - धरती पर जीवन उसका वैश्वनारा स्वरूप परिचालित करता है, भोजन पचाने में उसका जठराग्नि स्वरूप, जंगल में लगी आग दावाग्नि या दावानजंगल कहलाती है, हवन आदि में आग की लपटें ज्वाला कहलाती है आदि।

धरती का बनना और जीव-प्राणियों (बसावट) का आना

वैदिक चिन्तन के अनुसार, पृथ्वी का धरती में रूपान्तर करने में ब्रह्माजी ने पाँच सार्वभौमिक महाभूतों को काम में लगाया - यह महाभूत है:- वायु, अग्नि, जल और धरती। आकाश सहित यह पाँच "महाभूत" कहलाते हैं। महाभूतों को ब्रह्मा की सार्वभौमिक शक्ति समझना चाहिये। इन्ही के सहयोग से समस्त जीवों, पहाड़, पहाड़ी मैदान, मैदान आदि की रचना हुई। संक्षेप मे:

क्षितिजल, पावक, गगन समीरा; पंचतत्त्व यह बना शरीरा।

(तत्व शब्द विज्ञान के "तत्व" शब्द से भिन्न है। इसी तरह भूत शब्द का भी भूत/प्रेत से कोई सम्बन्ध नही है। इन्ही महाभूतों ने सूर्य-पुत्री पृथ्वी का धरती में काया-कल्प करा।

भगवान/ब्रह्मा का रूप - अग्नि

समस्त आकाश मण्डल व सूर्य के अस्तित्व का मूल स्त्रोत अग्नि है। इस सत्य-वचन को साधारण मनुष्य तक पहुँचाने के लिये वेदों में कहा कि भगवान का विशाल स्वरूप मात्र अग्नी की ज्वाला ही है।

प्रकृती ने पृथ्वी/धरती को जिस भौतिक अवस्था में मनुष्य जाति को सौंपा था, उसका विवरण अथर्व वेद के भक्ति सूत्र के 12वें सूत्र में दिया गया है। इसके अनुसार पृथ्वी/धरती में सार्वभौमिक शक्ति (वैश्वनारा) समाई हुई है जिससे वह धरती पर जीवों का परिचालन करती है।

पृथ्वी के भीतर के लावा और महाभूतों ने मिल कर धरती को उसका स्वरूप दिया और स्वच्छ पानी के धाम बनाये, जिनको नष्ट करने पर मनुष्य तुला हुआ है। मनुष्य की उस हरकतों से पानी के प्राकृतिक धाम तो नष्ट हुये ही पर साथ-साथ वायुमण्डल का चरित्र भी बदल गया; कार्बन डाइ-ऑक्साइड

की उतरोत्तर वृद्धि होने से विश्व में एक नई समस्या खड़ी कर दी - वह है वैश्विक उष्मीकरण।

आइन्स्टाइन सिद्धान्त और जगत

प्रसिद्ध वैज्ञानिक आइन्स्टाइन ने 20वीं शताब्दी मे यह सिद्धान्त प्रतिपादित किया कि इनर्जी (ताप-उर्जा) और प्रकाश आपस में अदले-बदले जा सकते हैं, तब से अन्तर-राष्ट्रीय भौतिक शास्त्रीयों ने रामायण के दोहे की वैधता टैस्ट करने के लिये स्विटज़रलैण्ड में पहाड़ियों के अन्दर, बहुत गहराई पर गोलाकार सुरंग, जिसको सर्न सुरंग (Cern Tunnel) या Hadron Collider कहते हैं, बनाई। यह अनेक प्रकार के वैज्ञानिक उपकरणों से सुसज्जित है।

इस का उद्देष्य आइन्स्टाइन के सिद्धान्त का परिक्षण करना है जो कहता है कि इनर्जी और पदार्थ वास्तव में आपस में अदले-बदले जा सकते है।

वाल्मिकी रामायण में पदार्थ (मनुष्य शरीर) का इनर्जी में बदलने की चर्चा

इस प्राचीन ग्रन्थ मे शबरी नाम की सन्यासिन का वर्णन है। वह ऋष्यमूक पर्वत की घाटियो में घोर तपस्या में लीन रहती थी। शबरी की लालसा साक्षात भगवान का दर्शन करके, मोक्ष (भगवान में लय होजाना) प्राप्त करने की थी। उसके गुरु मतंग ऋषी ने उसको तपस्या में लीन रहने की सलाह दी थी और विश्वास दिलाया था कि एक दिन भगवान राम के रूप में आकर उसको दर्शन देंगे। इतना कह कर वे स्वयं परलोक धाम सिधार गये। शबरी को अपने गुरुजी पर अटूट विश्वास था। वह भी उनकी तरह परम सुख धाम जाना चाहती थी। उधर श्रीराम सीताजी की खोज में लंका की ओर जा रहे थे।

इसलिये शबरी सदैव राम के ध्यान में लीन रहते हुये, उनके आने की बाह जोहती थी और नित्य उनके आने के मार्ग की सफ़ाई करती रहती थी। एक दिन उसने रामजी को अपने आश्रम की ओर आते देखा। उन्हे देख वह आनन्द विभोर और अति उन्मादित हो गई। उनके दर्शनो से कृतार्थ हो कर, उसने उनके सामने ही अपने आश्रम के हवन कुण्ड में छलांग लगाई। देखते-देखते आकाश में चकाचौंध हुई और उसका शरीर ब्रह्म में मिल गया। यानी शरीर रूपी पदार्थ, एकाएक प्रकाश में बदल कर परम ब्रह्म में समा गया।

तारे दिन में क्यों नहीं दिखाई देते

आकाशमण्डल में दिन में भी तारे रहते हैं पर सूर्य की प्रखर रोशनी के कारण वे दिन में नहीं दिखाई पड़ते। पृथ्वी का उपग्रह चन्द्रमा पृथ्वी की परिक्रमा करता है। उसको लिये हुये पृथ्वी सूर्य की परिक्रमा करती है। ऐसे में कभी चन्द्रमा सूर्य और पृथ्वी के बीच आकर सूर्य को पूर्ण या आंशिक रूप से ढ़क लेता है; इस अवस्था को सूर्य ग्रहण कहते हैं। जब पूर्ण रूप से ढ़कता है तब धरती पर रात्रि जैसा अंधकार छा जाता है और तारे दीखने लगते हैं। पर ग्रहण समाप्त होने पर सूर्य का प्रकाश आकाश में फिर से छा जाता है।

महाभारत युद्ध में सूर्य ग्रहण

कौरव-पाण्डवो के महाभरत युद्ध के दौरान दो-घन्टे तक चले पूर्ण सूर्य ग्रहण का ज़िक्र आता है। खगोल शास्त्रियों ने अपने ज्योतिष-गणित को भूत-काल की ओर मोड़ कर पाया कि वास्तव में ऐसी घटना घटी थी। इस गणित से महाभारत युद्ध का काल भी निश्चित किया गया है।

महाभारत युद्ध में अर्जुन के बेटे अभिमन्यु को जयद्रथ ने घेरा बाँध कर मारा था। तब अर्जुन ने प्रतिज्ञा करी कि अगले

दिन अगर वह जयद्रथ को नहीं मार पाया तो वह स्वयं अपना अग्नि-दाह कर लेगा। अगले दिन सन्ध्या से कुछ पहले पूर्ण सूर्य ग्रहण था। कौरवों ने दिन भर जयद्रथ को छुपा रखा पर जैसे ही सूर्य ग्रहण शुरु हुआ, चारों ओर अन्धेरा छा गया। जयद्रथ अत्यन्त उत्साह मे बाहर निकल आया और अर्जुन को ललकारा कि अपनी प्रतिज्ञा अनुसार वह अपना स्वयं वध कर ले। उधर पूर्ण सूर्य-ग्रहण की अवधि समाप्त हो रही थी और सूर्य फिर से चमकने लगा। बिना समय खोये अर्जुन ने जयद्रथ का सिर काट दिया।

माता कौशल्या ने देखा भगवान का अग्नि स्वरूप

पहली बार भगवान ने अपना विशाल स्वरूप माँ कौशल्या को दिखाया था। उनका विशाल स्वरूप देख कर माँ कौशल्या बहुत विह्वल और भयभीत हो गईं थीं क्योंकि उनके विशाल स्वरूप के मुख से डरावनी अग्नि की ज्वालाये निकल रहीं थी। कौशल्याजी की उस समय की हालत का बयान तुलसीदासजी ने रामचरितमानस में इन सुन्दर शब्दो से किया हैः

माता पुनि बोली, सो मती डोली, तजहू तात यह रूपा।

कीजे शिषु लीला, अति प्रिये शीला, यह सुख परम अनूपा॥

भगवान ने तुरन्त अपना विशाल रूप त्याग दिया और शिशु रूप में आगये।

महाराजा दशरथ ने माता सीता के अग्नि स्वरूप के दर्शन किये

महाराजा दशरथ को सीताजी ने अपना अग्नि स्वरूप बहुत सौम्य तरीके से दिखाया था। वास्तव में सीता जी स्वयंभू अवतार थीं। उनके कोई दैहिक माता-पिता नहीं थे। पौणानिक कथाओं के अनुसार, मिथिला में कई वर्षों से घोर अकाल पड़ा

हुआ था। अपने धर्म गुरु की सलाह पर, राजा जनक ने अकाल तोड़ने के लिये, हल ले कर खेत की सूखी ज़मीन को जोतना शुरु किया। उनके हल की सीता एक हाँडी से टकराई और उनको एक नवजात शिशु के रोने की आवाज़ सुनाई दी। निसन्तान महाराज जनक उस नवजात कन्या को उठा कर राजमहल ले लाये और पत्नी सुनन्दा को बच्ची को थमा दिया। इस बच्ची का नाम सीता रखा गया। कन्या के घर आते ही उनका राज्य धन-धान्य से परिपूर्ण होगया।

श्री राम से विवाह के उपरान्त सीता जी ने महाराजा दशरथ की पुत्र वधु के रूप में राजमहल में प्रवेश किया। जैसी परम्परा चली आ रही है, उसके अनुसार सीता नव वधु ने ससुराल की रसोई में पहली बार प्रवेश करने पर खीर बनाई और महाराजा को खाने को दी। उसी समय हवा के झोंके से खीर की प्याली मे एक तिनका पड़ गया। सीताजी ने उस तिनके पर नज़र डाली और वह वहीं भस्म हो गया। महाराजा दशरथ ने बड़े दुलार के साथ नव-वधु सीता से कहा कि बेटी! मैने तुम्हारा असली स्वरूप देख लिया है और भविष्य में तुम किसी की ओर सीधी नज़र से मत देखना, क्योकि जैसे ही तुम सीधी नज़र से देखोगी वह वहीं भस्म हो जायेगा। यही कारण था कि अशोक वाटिका में जब कभी रावण उनके पास आता था, वे उसकी ओर तिनके की ओट से देखती थीं। यदि सीधा देखती तो रावण वहीं का वहीं भस्म हो जाता। पर सीताजी जानती थीं कि नियति के अनुसार रावण का वध तो राम के व्दारा होना है।

अध्याय 2

पृथ्वी/धरती का अग्नि स्वरूपा जन्म

पृथ्वी का जन्म 454 करोड़ वर्ष पहले सूर्य से हुआ माना जाता है। इसलिये पृथ्वी सूर्य का ग्रह और सूर्यपुत्री भी कहलाती है। जन्म के समय पृथ्वी आज जैसी धरती न होकर भभकता हुआ तरल खनिजो का अति-अति तप्त अवस्था (जिसको लावा कहते हैं) के समिश्रण से बना गोला थी। इस गोले का व्यास 12,700 किलो मीटर है।

पृथ्वी का वास्तविक जन्म दिन हमको नहीं मालुम। पर विश्व स्तर पर वर्ष 1970 से 22 एप्रिल "पृथ्वी दिवस" के रूप में मनता आ रहा है।

सूर्य के अन्य ग्रह

पृथ्वी के अलावा सूर्य से सात अन्य ग्रहो का भी जन्म हुआ है। यह ग्रह हैं: क्रम से सब से निकट बुद्ध और फिर बढ़ती हुई दूरी के अनुसार शुक्र, पृथ्वी, मंगल, गुरु या बृहस्पति, शनि, युरेनस और नेपच्यून। इनमे से पृथ्वी के अलावा केवल तीन अन्य ग्रह - बुद्ध, शुक्र और मंगल - ही ठोस अवस्था में है। वे भी अपने जन्म के समय भभकते हुये तरल लावा के गोला ही थे। इन तीनों का आकार पृथ्वी से छोटा है। बुद्ध ग्रह का आकार तो चन्द्रमा से कुछ ही बड़ा है। सब ग्रह अपनी अपनी नियत कक्षा मे निश्चित गति से सूर्य की परिक्रमा करते हैं। पृथ्वी अपनी कक्षा में सूर्य की परिक्रमा एक वर्ष में पूरी करती है। अन्य ग्रह

सूर्य से अपनी कक्षाओं की दूरी के अनुसार इससे अधिक या कम समय में परिक्रमा पूरी करते हैं।

सूर्य के ग्रहों के अलावा, एक ऐसा घेरा अथवा कक्षा भी है जिसमे असंख्य छोटे-बड़े क्षुद्रग्रह सूर्य की परिक्रमा करते हैं। ऐसा घेरा अब भी मौजूद है। जन्म के समय इस घेरे में असंख्य क्षुद्र बर्फीले छोटे-बड़े पिंड थे। यह घेरा मंगल और बृहस्पति ग्रहो की कक्षा के बीच में स्थित है। इसमें पिण्डो की संख्या अब पहले की अपेक्षा कम है।

भारतीय ज्योतिश-शास्त्र में दो छाया ग्रह - राहु तथा केतु - भी गिने जाते हैं पर इनका भौतिक अस्तित्व नहीं है

यहाँ पर यह बताना उचित रहेगा कि धरती के आदिकाल में कुछ भारी भरकम पिण्ड धरती से टकराये और अपना निशान छोड़ गये (इनका ज़िक्र पुस्तक में आगे किया गया है)। ये सूर्यमण्डल के बाहर से आये थे। उनका सूर्य से कोई सम्बन्ध नहीं है।

ऐसा समझा जाता है कि वर्ष का सप्ताहों में बंटवारा यवनी (ग्रीक) सभ्यता ने लगभग 2,000 पूर्व किया था और प्रत्येक दिवस का नाम सूर्य के ग्रहों पर कर दिया था। किन्तु भारतीय ज्योतिश में दिनो का नाम करण या तिथियाँ चन्द्रमा पर आधारित हैं। महीना दो पूर्णमाशियों के मध्य का समय है। यह समय भी दो पक्षों में विभाजित है - शुक्ल और कृष्ण पक्ष। शुक्ल पक्ष अमावस्या से शुरु हो कर पूर्णमाशी पर समाप्त होता है, उसके बाद कृष्ण पक्ष शुरु हो जाता है।

पृथ्वी नाम कैसे धराया

वैदिक संस्कृती के अनुसार धरती पर सर्व प्रथम प्रतापी राजा पृथु थे। वे राजा वेन के पुत्र थे जो ध्रुव की चौथी पीढ़ी के थे। वेन अत्यन्त क्रूर स्वभाव का था। ऋषियो को विशेष रूप से

सताता था। किन्तु पृथु अपने शील स्वभाव के कारण ऋषियो का कृपा पात्र था।

ऋषी-समाज ने निर्णय लिया कि वेन को हटा कर पृथु को धरती का राज्य सौंपना है। उन्होंने अपने "ध्वनिबाण" से राजा वेन की हत्या कर राज्य पृथु को सौंप दिया।

ध्वनिबाण क्या है?

ध्वनिबाण को समझने के लिये भौतिकि (Physics) का सहारा लेना पड़ेगा। एक स्थान से दूसरे स्थान तक "आवाज़" अथवा ध्वनि तरंगो व्दारा जाती है। ध्वनि तरंगों मे कंपन (vibration) होता है। प्रत्येक वस्तु - जीव और अजीव - में भी स्वभाविक तौर पर कंपन (vibration) होता ही है पर हमारी इन्द्रियाँ इस कंपन को नही पहचान पाती पर उनसे बनती ध्वनि को सुनती हैं। कंपन के बारे में कुछ भौतिकि सत्यों को यहाँ लिखते है। इस समय उनको वेद-वाक्य अन्तिम सत्य मान कर आगे बढ़ते है:-

- हर वस्तु के कंपन की बारंम्बारता या आवृति (frequency) दो प्रकार की होती है - साधारण और स्वभाविक बारंम्बारता (natural frequency of vibrations)। यदि कंपन की बारंम्बारता या आवृति (frequency) के बराबर पहुँच जाय तब वह वस्तु/जीव स्वयं ही गूंजने लगता है। गूंजने वाली स्थिति बहुत ख़तरनाक होती है। इस स्थिति मे आजाने पर बड़े-बड़े पुल इत्यादि टूटते पाये गये है। इन्जीयरिंग में इस स्थिति से बचने के लिये कंपन को दबाना (damp) पड़ता है।
- मनुष्य के कान (जिनके व्दारा हम सुनते हैं) में ऐसा कोई अंग नही है, जो ध्वनि तरंगो को दबा सके। लगातार ऊँची ध्वनि सुनते रहने पर मनुष्य बहरा हो सकता है।

* यदि दो बराबर स्वभाविक बारंम्बारता (natural frequency of vibrations) वस्तुऐं पास-पास रखी हैं और उनमें से एक का कंपन अपनी natural frequency पर हो रहा है तो दूसरी वस्तु स्वयं ही natural frequency पर कंपन करने लगती है। भौतिकि में इसे सहानुभूति कंपन (Sympathetic vibration) कहते हैं।

राजा वेन का अन्त करने के लिये ऋषियों ने यही पद्धति अपनाई। उन सब ने मिल कर अपने-अपने गले से ऐसी गूँज निकाली जिसकी frequency राजा वेन के फेफड़ो की frequency के बराबर थी। अन्ततः राजा वेन के फेफड़े फट गये और उनकी मृत्यु हो गई।

इस काम के लिये उचित गूँज पैदा करने वाली आवाज़ ऋषियो ने अपने गले से कैसे निकाली, इसका वर्णन कहीं नहीं मिलता। वैसे कौवे की काँव-काँव जैसी ध्वनि अपने गले से निकाल कर कौवों को इकट्ठा करने वाले युवक को लेखक ने देखा है।

ऋषियों ने राजा वेन-मुक्त भू-मण्डल का राज्य उनके पुत्र पृथु को सौंप दिया। राजा पृथु ने भू-मण्डल पर सर्व-प्रथम सर्वांगीण रूप से सुशासन स्थापित किया और भूमि को कृषी करने योग्य बनाया ऋषियों ने उनको समुचित सम्मान किया और भू-मण्डल का नाम ही "पृथ्वी" रख दिया।

----------------- नोट - इस पुस्तक में पृथ्वी और धरती में अन्तर समझाया गया। इस सन्दर्भ में राजा पृथु ने धरती पर राज्य किया। --

----

पृथ्वी को अग्रेज़ी भाषा में अर्थ, Earth, कहते हैं। यह शब्द जर्मन और अंग्रेज़ी भाषा (Anglo-Saxon) के शब्द erde से

बना है। इस शब्द का मतलब है - मिट्टी। वैसे भी हिन्दी में मृत शरीर का अन्तिम नाम भी अर्थी है।

सूर्य - अग्नि और पृथ्वी

सूर्य अग्नि का बड़ा गोला है । इसकी अग्नि का स्त्रोत नाभिकीय ईंधन है। आकाश-मण्डल की अज्ञात शक्तियो से प्रभावित हो कर सूर्य ने पृथ्वी को अग्नि के गोले के रूप में उगला। किन्तु इसको अपना परमाणु अथवा नाभिकीय ईंधन नही दिया। वैदिक संस्कृति में अग्नि को ही भगवान का विशाल स्परूप माना।

वैदिक संस्कृति का मूल ग्रन्थ - ऋग वेद

वैदिक संस्कृति के मूल ग्रन्थ ऋग वेद का आरम्भ भी भगवान के अग्नि रूप के वर्णन से शुरु हुआ है। प्रथम श्लोक निम्न हैः

अग्निमीले पुरोहितं यज्ञस्व देवमृत्विजम्

होतारं रत्न धातमम्॥

इस श्लोक का अर्थ हैः "हे अग्नि स्वरूप परमात्मा! मै इस यज्ञ व्दारा आपकी वन्दना करता हूँ। आपके अग्नि स्वरूप से ही सृष्टि की रचना हुई है। आप अपने ताप से जगत के पालक हो यानी उसको जल, वायु और भोजन आदि से सम्पन्न कराते हो। पृथ्वी में ताप पैदा करने की शक्ति नहीं है। धरती ताप उर्जा सूर्य से प्राप्त करती है।

गौरवशाली ज्ञान का विस्मृत होना और उसका पुनः स्मरण

हमारा इतिहास बताता है कि भारतवर्ष 1947 के पहले लगभग 1000 वर्षो तक लगातार विदेशियों के अधीन रहा। शाषक बदलते गये पर हम रहे उनके गुलाम ही। इस लम्बे काल में हम अपने गौरवशाली ज्ञान को भूल गये। विदेशियो ने हमारी

ग़ुलामी की ज़ंज़ीरों पर अपनी पकड़ मज़बूत करने के लिये हमको अपने संकुचित "ज्ञान" के पाठ ज़बरन पढ़ाये और हम को अपने विशाल ज्ञान को विस्मृत करने पर मजबूर कर दिया। विदेशियों ने हम पर ऐसा सम्मोहन करा और सताया कि हमने अपने विशाल ज्ञान को विस्मृत कर दिया (भुला दिया)। भाषा समेत हमको उनकी संस्कृती लुभावनी लगने लगी। अपनी भाषा "संस्कृत" को भुला कर हमारे पूर्वज अपने अरबी, फ़ारसी और अंग्रेज़ी के ज्ञान को प्रतिष्ठा का माप समझने लगे।

अन्तःत विस्मृति को जागरूक जर्मन मूल के मैक्सम्युलर ने कराया। उसने हमको हमारे गौरवशाली इतिहास से फिर से परिचित कराया।

मैक्सम्युलर ने हमें गौरव शाली इतिहास से फिर से परिचित कराया

हमारे गौरव शाली इतिहास की ओर ध्यान दिलाने का श्रेय विदेशियो को जाता है; विशेषकर जर्मन मूल के मैक्सम्युलर को, जो इगंलैण्ड मे निवास करने लगे थे। उन के समकालीन एडिसन ने उसी समय अमेरिका में ग्रामोफ़ोन का अविश्कार किया। एडिसन चाहते थे कि उनके पहले रिकॉर्ड का शुभारम्भ किसी प्रसिद्ध दार्शनिक की बोली के रिकॉर्ड से हो। उनके अनुरोध पर, मैक्सम्युलर ऐसा करने को तैयार हो गये। उन्होने पहले रिकॉर्ड की शुरुआत ऋगवेद का प्रथम श्लोक बोल कर करी। जब इस रिकॉर्ड को जन समूह के सामने पहली बार बजाया गया और उन्होंने जब श्लोक का मतलब समझाया तब जन-समूह ने खड़े हो कर कर्तल ध्वनि से उसका स्वागत किया।

तब से प्राचीन काल के भारत के ज्ञान का भण्डार इन्डोलॉजी (यानी भारतीय शास्त्र) नाम से अनेक देसी और विदेशी विद्यालयों में विशेष अध्ययन का विषय बन गया है।

भभकते लावा से बनी पृथ्वी - लावा क्या है

लावा कई प्रकार के खनिजों की तरल, अति-अति तप्त अवस्था में समिश्रण है। ऐसा अनुमान है कि इसमें 2000 खनिज शामिल हैं। पर पृथ्वी की ऊपरी पपड़ी (क्रस्ट) की चट्टानो में इनमे से केवल 20 खनिज ही मुख्य हैं। इन खनिजों का घनत्व पपड़ी के नीचे पिघले हुये अति-अति तप्त लावा में मौजूद तरल खनिजों से कम है।

सब जगहों पर लावा की रासायनिक बनावट एक समान नहीं है। धरातल की चट्टानो के खनिजो का तत्वों के अनुसार रासायनिक विश्लेषण निम्न हैः-

- ऑक्सीजन 46.6%
- सिलिकॉन 27.7%
- एल्युमिनियम 8.1%
- लोहा 8.1%
- कैलशियम 5.0%
- सोडियम 2.8%
- पोटाशियम 2.6%
- मैग्निशियम 2.1%

लावा के ठंडा होने से ही धरती की चट्टाने बनी हैं। ठंडा होने मे करोड़ो-करोड़ वर्ष लगे।

ठंडा होने के समय का मान या उसकी व्याख्या

ठंडा होने की गणना साधारण “वर्षों” में नही हो सकती। इसमे तो कई करोणों करोण वर्ष लग गये। इतने लम्बे समय को व्यक्त करने के लिये नई इकाई बनाई गई जिसको “कल्प” कहते हैं। एक कल्प में 100 करोड़ वर्षों से अधिक वर्ष होते

हैं। सब से पुराने कल्प को पैलियोज़ोइक Paleozoic कहते हैं। पैलियोज़ोइक कल्प में कई युग शामिल है। इसके अन्तिम कल्प में वर्तमान कल्प भी शामिल है। इस कल्प में चार युग शामिल होते हैं - सतयुग, व्दापर, त्रेता और कलयुग। काल-समय के अनुसार सब से लम्बा सतयुग चला और सब से कम कलियुग चलेगा।

सतयुग से कलियुग तक बदलता व्यवहार

पौणानिक कथाओं के अनुसार हर युग में मनुष्य का व्यवहार बदलता जाता है। सतयुग में देश धन-धान्य से परिपूर्ण था। मनुष्यों का आपसी व्यवहार सदाचारपूर्वक था। व्दापर में सदाचारी व्यवहार मे कमी हुई और मनुष्य दुष्कर्म भी करने लगा। इसी युग में भारतवर्ष कई राज्यों में बंट गया जैसे अवध, मिथिला, कौशल प्रदेश, केकई प्रदेश (अब पाकिस्तान में)। पर राजाओ में आपस में मनमुटाव नहीं था। इसी युग में भगवान राम का भी अवतार हुआ। मनुष्य राजस भोजन (तरह-तरह के स्वादिष्ट पदार्थ) करने लगा। उसके आपसी व्यवहार में खटास आने लगी।

श्री राम के स्वर्गगमन के बाद से धीरे-धीरे त्रेतायुग शुरु हुआ। इसी में भगवान श्री कृष्ण का अवतार हुआ। कई राज्यो में बंटे देश के राज्य अपनी सीमा बढ़ाने के लिये पड़ोसी देशो पर आक्रमण करने लगे। अन्धे धृत्रराष्ट्र के पुत्र दुर्योधन ने अपने ताउ के पुत्र युधिष्ठर (पांडुपुत्र) का राज्य छल पूर्वक हथिया लिया। भरी सभा में दुर्योधन ने पांडवो की पत्नी द्रोपदी को निवस्त्र करने की कोशिष करी। सब गुरुजन, भीष्म पितामह समेत, सभा में मूक दर्शक बने रहे। अन्त में राज्य के लिये दुर्योधन और युधिष्ठर के बीच घमासान युद्ध हुआ जिसमें भगवान श्रीकृष्ण अर्जुन के सारथी बने और पांडवों को जीत दिलाई।

एतिहासिक ग्रन्थाकारों का कहना है कि श्री कृष्ण का जन्म 5252 वर्ष पहले हुआ था। 5150 वर्ष पहले वे अपने धाम - साकेत - सिधार गये। तब से कलियुग आरम्भ हो गया।

कलियुग में पापाचार बहुत बढ़ गया। भोजन भी तामस प्रकृति का हो गया। पानी की कमी के साथ बढ़ती आबादी के कारण सूखे और भुखमरी से भी सरकारों को जूझना पड़ गया। इनके अलावा वैश्विक उष्मीकरण (global warming) से उत्पन्न समस्याओं का भी सामना करना है। जल, थल और नभ का वातावरण प्रदूशित हो गया।

पृथ्वी के अवतारः पहला और दूसरा

अवतार की संकल्पना हमारी संस्कृती से जुड़ी हुई है। धरती पर भगवान के कई अवतार हुये हैं - जैसे वामन रूप के बाद श्री राम और उनके बाद श्री कृष्ण, महावीर, बुद्ध, गुरु नानक देव जी। इसी तरह पृथ्वी का प्रथम अवतार भभकते हुये लावा के गोले के रूप था।

सूर्य से बिछुड़ने का संताप पृथ्वी को हर दम सताता रहता था। अपने संताप को कम करने के लिये पृथ्वी ने जन्म के तुरन्त बाद से ही सूर्य की परिक्रमा करना इस तरह से शुरू कर दिया जिससे उसके हर भाग पर किसी न किसी समय सूर्य की सीधी नज़र पड़ती रहती थी। इस के लिये वह अपनी धुरी पर लट्टू की भाँति चक्कर लगाती रहती थी।

पृथ्वी का दूसरा अवतार उस समय हुआ जब लावा से भरी पृथ्वी पर आकाश से एक भारी भरकम पिण्ड गिरा या उससे टकराया। टक्कर के झटके से पृथ्वी के तरल माल (लावा) का छोटा सा अंश आकाश में उछला| इस उछले अंश से चन्द्रमा बना। उस खगोलीय पिंड का पृथ्वी की ओर गिरने का वेग इतना तेज़ था वह स्वयं पृथ्वी की भभकती कोख के इर्द-गिर्द

तक पहुँच गया पर उसके "कोर" अथवा बीजकोश तक नहीं पहुँच पाया।

इस पिण्ड की टक्कर से पहले पृथ्वी की धुरी जिस पर वह लट्टू की भाँति अपना ही चक्कर लगा रही थी, वह खड़ी थी पर टक्कर के बाद वह 23.5 अंश टेढ़ी यानी एक ओर झुक गई। इस झुकाव का बड़ा असर इस की जलवायु पर पड़ा। दिन-रात का समय जो पहले सालभर बराबर रहता था वह अब बदलता रहता है। धरती पर मौसम भी बदलने लगे। हर ऋतु का आगमन और उसका बदलाव नियत समय के अनुसार होने लगा। दोनो ध्रुवों पर तो छै-छै महीने लगातार दिन या रात रहती है। इस नये रूप को हम पृथ्वी का दूसरा अवतार कहते हैं।

सूर्य से बिछुड़ने के विरह में पृथ्वी का तांडव नृत्य

पृथ्वी को सूर्य से अलग होने का विरह हरदम सताता रहता था। इसलिये वह सदा क्रोध भरे रौद्र रूप में रहती थी। अपना रोष को प्रगट करने के लिये वह अपने ही लावा में भयंकर उत्पादी लहरो से तांडव नृत्य करवाती थी। तांडव शब्द का मतलब 'क्रोध में शक्ति के साथ उछलना' होता है।

तांडवी हरकतों से पृथ्वी का लावा हर समय व्यथित अवस्था में रहता था। अपनी व्याकुलता और वेदना प्रगट करने के लिये पृथ्वी के पास अन्य कोई चारा नहीं था क्योंकि वह प्रकृति के नियमों में बँधी हुई थी। उसके लिये सूर्य तक वापिस लौटना असम्भव था। उसका गुरुत्वाकर्षण बल उसके लावे को भी पृथ्वी को छोड़ कर आकाश की ओर नही जाने देता था।

पृथ्वी का तीसरा अवतार जीवन साधने योग्य धरतीः पपड़ी या क्रस्ट का बनना

धरती के रूप में पृथ्वी का तीसरा अवतार एकाएक नहीं हुआ वरन् ऐसा होने में करोड़ों-करोड़ वर्ष लग गये। स्पष्ट है कि पृथ्वी

और धरती शब्दों का इस्तेमाल कर के हम सूर्य के इस ग्रह की दो, एक दूसरे से भिन्न, अवस्थाओ का वर्णन करना चाहते हैं। पृथ्वी शब्द सम्पूर्ण ग्रह को इंगित करता है जो सूर्य से निकला था और धरती से हमारा मतलब उस भू-भाग पर है जिस पर मनुष्य का अब निवास है। इस पर कहीं छोटे कहीं ऊँचे पर्वत हैं, कहीं पर पठार, कहीं मिट्टी और कहीं कठोर चट्टान, कहीं नदी, सरोवर, तालाब और झील, वृक्ष, जीव-जन्तु तो कहीं बड़े-छोटे समुद्र आदि। इस पर "जीवन" पनपता है । धरती से नीचे की गहराइयों में आग का गोला ही है।

पृथ्वी - अकेला ग्रह जिस पर जीवन पनपता है

पृथ्वी सूर्य की अकेली ग्रह है जिस पर पानी और हवा और "जीवन" पाये जाते हैं। जीवन बहुत व्यापक शब्द है। इसलिये इसे अच्छी तरह से समझ लेना चाहिये। यह शब्द अपने में सूक्ष्म जीव धारियों (जिनको हम देख भी नहीं पाते) से लेकर चींटी और अन्य कीड़े, मनुष्य सहित सब जानवर, उड़ने वाले पक्षी और पानी में रहने वाली छोटी बड़ी मछलियाँ, काई से लेकर बरगद जैसे पेड़-पौधे आदि को समेटता है। यह धरती पर सौर-मण्डल से एकाएक नहीं आगये, वरन् इनका विकास धरती पर ही हुआ।

धरती पर जीवन

धरती पर जीवन का आरम्भ 3,500 मिलियन वर्ष (1 मिलियन = 10 लाख) पहले हुआ। किन्तु कड़ी रीढ़ की हड्डी वाले जानवरो का (vertebrates) का जन्म 330 मिलियन वर्ष पहले ही शुरु हुआ। 300 मिलियन वर्ष पहले धरती जंगलों से भरी हुई थी| यह carboniferrous युग था। इसी युग में जंगलो की लकड़ी कोयला और पेट्रोलियम में रूपान्तरित हो गई। कोयले और

पेट्रोलियम के व्यापक उपयोग से विश्व वैश्विक उष्मीकरण हुआ जिसने धरती को विनाश की कगार पर लाकर खड़ा कर दिया।

ऑक्सीजन का आगमन

आरम्भ में धरती पर ऑक्सीजन मुक्त अवस्था में नहीं थी क्योंकि ऑक्सीजन की रासायनिक क्रियाशीलता इतनी अधिक है कि वह प्रायः सभी तत्वों (elements) से मिलकर उनके योगिक (compounds) बनाती है। इसलिये वह धरती की चट्टानों मे मिलती है। वायुमण्डल में वह समुद्र के रास्ते आई।

समुद्र में बिना ऑक्सीजन के पनपने वाले एक कोशिका के जीवो, cell नीली-हरी काई/शैवाल या blue-green algae की भरमार थी। यह साइनोबैक्टीरिया, cyanobacteria कहलाते हैं। इनको जीवित रहने के लिये कार्बोहाइड्रेट्स carbohydrates, एक तरह की चीनी, की ज़रुरत होती है। इसको ये समुद्र के पानी से प्रकाश-संश्लेषण, photo-synthesis प्रक्रिया व्दारा बनाते हैं और ऑक्सीजन वायुमण्डल में छोड़ते हैं। लगभग 2.45 मिलियन वर्ष पहले समुद्र में ग्रेट ऑक्सीडेश्न करिश्मा घटा जिससे वायुमण्डल में काफी मात्रा मे ऑक्सीजन आ गई। वर्तमान समय में इसकी मात्रा 21% है। शेष मुख्यता नाइट्रोजन है।

अध्याय 3

पृथ्वी पर महाव्दीपो का बनना

आग के गोला रूपी पृथ्वी का धरती में रूपान्तर होने की भौतिक क्रियायेः

सूर्य ने पृथ्वी को जन्म तो दिया पर नई अग्नि नाभिकीय ईंधन व्दारा पैदा करने की क्षमता नहीं दी। इसलिये जन्म के तुरन्त बाद, पृथ्वी का अति-अति तप्त लावा भौतिक शास्त्र के नियमों के अनुसार ठंडा होना ऊपरी खुली सतह से शुरु होगया। जिस विधि से ठंडा होना शुरू हुआ उसको भौतिक शास्त्र में "ताप-विस्तारण" (heat radiation) कहा जाता है। इस विधि से अग्नि के गोले की ताप ऊर्जा आकाश मण्डल में फैलती गई और उसकी खुली सतह का तापक्रम निरन्तर कम होता गया।

पृथ्वी अपना ताप ब्रह्मांड में फैला कर स्वयं ठंडी होती जा रही थी, अलबत्ता बहुत धीमी गति से। इसी प्रक्रिया से गरमा-गरम भात खाने योग्य ठंडा होता है। भात का ठंडा होना ऊपरी सतह से शुरु होता है पर नीचे का भात गरम ही रहता है। ऊपरी सतह भी ठंडा होने में भी समय लगता है। इसी तरह उपरी सतह के नीचे का लावा अपनी मूल हालत में ही रहा।

पृथ्वी के ठंडा होने के समय का माप साधारण वर्षो में नही किया जाता है। भू-भौतिकी अथवा जीयोफ़िज़िक्स शास्त्रियो ने अपने अध्ययनो से बताया है कि इस अवस्था तक आने में 250 करोड़ वर्ष से अधिक समय लग गया। ठोस धरती का अध्ययन

करने वाले विज्ञान को भू-भौतिकि अथवा जीयोफ़िज़िक्स कहते हैं।

गरम लावा की बाहरी सतह पर पपड़ी का बनना

ताप का विस्तारण बाहरी सतह से भौतिकी नियमों के अनुसार ही होता है। सतह के नीचे कितना भी तापक्रम क्यों न हो, वह ताप के विस्तारण पर कोई असर नहीं डालता। आमतौर से ठंडा होने पर तरल पदार्थ का घनत्व बढ़ जाता है और वह गुरुत्वाकर्षण बल से नीचे की ओर जाने की कोशिष संवहन धाराओं (कन्वेक्शन करेन्ट्स) के ज़रिये करता है। संवहन धाराये किस गति या रफ़तार से अन्दर घुसती हैं, यह पदार्थ की तरलता पर निर्भर करता। तरलता अधिक होने पर वह जल्दी ही नीचे को ओर घुसता जाता है। लावे में तरलता बहुत ही कम होती है। इसलिये ठंडी हुई ऊपरी सतह वहीं की वहीं बनी रहती है।

अपना ताप व्योम में करोंड़ो-करोड़ वर्ष लगातार फैलाते रहने के बाद लावे के पूरे गोले का बाहरी पृष्ठ या सतह अपनी अति तप्त अवस्था से इतनी ठंडी हो गई कि उसने ठोस पपड़ी का रूप ले लिया। इस तरह से बनती परत को पपड़ी (क्रस्ट) कहते हैं। इस पपड़ी का चरित्र ऐसा था कि वह भीतर के ताप को बाहर आकाश मंडल में फैलने से रोकता था। पपड़ी लावे को इस तरह से ढक रही थी ताकि उसके नीचे के गोले का तापक्रम वैसा ही बना रहे जैसा सूर्य से अलग होने के समय था। इसको इस तरह से भी कह सकते हैं कि पृथ्वी के ताप रूपी रोष को पपड़ी (क्रस्ट) ने जकड़ कर अपने भीतर बाँधे रखा है।

पपड़ी कैसे बनती है

मोटे तौर पर पपड़ी बनने की प्रक्रिया को समझाने कि लिये उबाले दूध के ठंडा होने पर उस पर मलाई की तह बनने का

उदाहरण दे सकते हैं। मलाई दूध के सब से हलके अवयव यानी क्रीम (मक्खन) से बनती है। इसी तरह लावे के ऊपर पपड़ी उसके सब से हलके अवयवों से ही बनी है। रासायनिक तत्त्वों मे हाइड्रोजन, ऑक्सीजन, नाइट्रोजन क्लोरीन, सोडियम, पोटाशियम, एल्युमिनियम, कैल्सियम और मैग्नीशियम अन्य तत्वों से हलके हैं। इसलिये इनके आपस में बने रासायनिक योग से बने खनिज भी अन्य खनिजों से हलके होते हैं। सब से ऊपर होने के कारण, धरती की मिट्टी, पत्थर आदि के खनिज इन्ही तत्वों के रासायनिक योगिक हैं। अब वे अनेकों रूप में पाये जाते हैं जैसे मिट्टी, बालू, सैंडस्टोन आदि।

भू-वैज्ञानिक बताते हैं की पपड़ी के नीचे लावा में लौह और निकल की प्रधानता है क्योंकि इनके योगिक अपेक्षाकृत भारी होते हैं। ऐसा क्यों होता है, यह हम एक प्रयोग व्दारा समझाते हैं। यदि पानी भरे 'जार' में विविध घनत्व वाले पदार्थों को डाल कर चक्रवात की भाँति घुमा कर शाँत होने दिया जाय तब सब से अधिक घनत्व वाले पदार्थ सब से नीचे की तह बनायेंगे और सब से कम घनत्व वाले पदार्थ सब से ऊपर की तह बनायेंगे।

पपड़ी (क्रस्ट) बनते वक्त समतल/सपाट होती है। पर तरल अति तप्त लावे के गोले में स्वतः उठती तांडवी लहरें भीषण उथल-पुथल मचाती रहती थीं। इस उथल-पुथल के दबाव से या उनके धक्को से ठोस समतल पपड़ी लहरदार यानी ऊँची नीची हो गई।

सब स्थानो पर पपड़ी की मुटाई भी एक समान नहीं है। कुछ क्षेत्रो में इसकी मुटाई 30-90 (महाव्दीपीय प्लेट) कि.मी के परास में बदलती है। अन्य है। यह में अपेक्षाकृत बहुत कम है, यानी 6-11 कि.मी के परास में महासागरीय प्लेट है। दोनो तरह की पपड़ी को मिला कर धरती का स्थलमण्डल (लिथॉस्फ़ीयर) बनता है।

स्थलमण्डल

"लम्बा" समय बीतने पर लावा इतना ठंडा होगया कि उसके तरल खनिज जमने लगे और जमी तह मोटी होने लगी। कहीं कहीं पर अधिक घनत्व वाले लोहे के खनिज भी भौमिकी गतिविधियों के वजह से उभर कर धरातल या उसके निकट आगये। वैसे तो स्थलमण्डल में सब तरह की चट्टानें शामिल हैं। पर चट्टानो में केवल 20 ही खनिज मुख्य हैं।

इसके नीचे की अर्ध-पिघले हुये लावा की परत को एथ्नोसफियर (Athnosphere) नाम से सम्बोधित करते हैं। एथ्नोसफियर विशेष प्रकार का अतितप्त अवस्था में लावे का दलदल है। स्थलमण्डल, एथ्नोसफियर की अर्ध-पिघलित चट्टानों ("दलदल) पर "तैर" रहा है। हर तैरती हुई वस्तु चलायमान होती है। स्थल मण्डल भी चलायमान है। मगर वह कई हिस्सो में टूटा हुआ है। हर टुकड़े की तैरने की गति एक समान नहीं है।

एक पौणानिक गाथा में इस प्राकृतिक घटना को भगवान से जोड़ने के लिये कहा गया कि भगवान ने धरती को दलदल (एथ्नोसफियर) से उबारने के लिये वाराह के रूप में अवतार लिया क्योंकि वाराह ही कीचड़ में रहते हैं। यहाँ "कीचड़" अति-अति तप्त अवस्था में है जिसमें केवल भगवान ही घुस सकते हैं।

पपड़ी पर महाव्दीप कैसे बने

ऊपर बखान करी गई गतिविधियों के साथ स्थलमण्डल पर दूसरे प्रकार की हरकतें भी हो रही थीं। नीचे के लावा के तांडवी धक्को से स्थलमण्डल में चिटकने पड़ जाती थीं। यदि चिटक इतनी गहरी होती थी कि उसका दूसरा छोर लावे तक पहुँचता था तब चिटक के मार्ग से भारी मात्रा में भीतर का उव्देलित लावा बाहर फूट पड़ता था। इस प्रक्रिया को ज्वालामुखी का उदगार कहते हैं।

बाहर निकल कर लावा ठंडा होना शुरु हो जाता था। ठंडा होते होते अन्तःत यह मूल पपड़ी पर मोटी तह वाली ठोस चट्टान का रूप लेता था।

भौमिकी स्तर के भूत काल में इस प्रक्रिया ने कई बार दुहराया; मतलब यह कि भीतर का तरल लावा अपने से पहले की ठोस चट्टान को फोड़ कर ऊपर बाहर निकल कर उस पर नई ठोस चट्टान बनाता था। प्रारम्भिक पपड़ी गरम गोले के बाहरी धरातल पर ही बनी थी। पर जैसे जैसे नई चट्टानी तहें बनती गई, धरातल का लेवल उभरता गया। दूसरे शब्दों में नये धरातल से मूल पपड़ी की दूरी (गहराई) भी बढ़ती गई। अन्ततः वह अब इतनी अधिक गहराई पर है कि खुदाई कर के मूल पपड़ी तक नहीं पहुँचा जा सकता।

यह प्रश्न उठना स्वभाविक है कि जब मूल पपड़ी तक पहुँच ही नहीं सकते, तो उसकी मौजूदगी का भान कैसे हुआ। इसकी मौजूदगी का अहसास तो भू-भौतिकी की अति विकसित तकनिकीयों के बाद ही सम्भव हुआ।

स्पष्ट है कि नई चट्टाने मूल पपड़ी के ऊपर पहले उद्‌गारों से बनी ठोस चट्टानो की तहों के ऊपर बनी। इस तरह चट्टानो की तहें मोटी होती गई। हर तह के खनिज एक दूसरे से भिन्न हैं। इनकी भिन्नता से धरती की आयु का अन्दाज़ लगाया जाता है।

ज्वालामुखी के उदगार में लावा के अतिरिक्त धूल और विविध प्रकार की गैसें भी निकलती थीं। उनमें ऑक्सीजन और हाइड्रोजन भी होती थी। अधिकतर ऑक्सीजन लावा के हल्के रासायनिक तत्वो से जुड़ जाती थी - जैसे कैल्सियम, मैग्नीशियम व कार्बन से मिल कर उनके कार्बोनेट्‌स या सिलिकॉन से मिल कर सिलिका व सिलीकेट्‌स आदि। सिलिका बालू का प्रमुख अंग है। बची हुई ऑक्सीजन वायुमण्डल में चली जाती थी। वहाँ उसका एक परमाणु हाइड्रोजन के दो परमाणुओं से मिल कर

पानी बनाते थे। वायुमण्डल भी अति-अति तप्त अवस्था में था। इसलिये पानी भी भाप के रूप में अति-अति तप्त अवस्था में वायुमण्डल में ही रहते हुये उस समय की प्रतिक्षा कर रहा था जब वह पानी के रूप में धरती पर आये। आख़िर वह समय भी आया जब धरती उतनी ठंडी भी हो गई। तब धरती और महासागरीय प्लेट के ऊपर इतनी वर्षा हुई कि सब गढ्ड्डो में पानी भर गया। अब धरती पर इतना अधिक पानी था कि उसकी आभा आकाशमण्डल में नीली हो गई। इसलिये धरती सूर्य का नीला ग्रह कहलाने लगी।

भौमिकि गतिविधियों से अब धरती और समुद्र के नीचे की पपड़ी में ऐसा साफ़ बँटवारा धूमिल हो गया है।

पान्गिया महा-महाव्दीप

इस तरह से बनती मोटी चट्टानो ने अन्ततः एक अति विशाल महा-महाव्दीप (सुपर कॉन्टीनेन्ट) का स्वरूप लिया। इस तरह पृथ्वी की सब से पुरानी चट्टाने इस विशाल महा-महाव्दीप की हैं।

आधुनिक काल में वैज्ञानिको ने इस विशाल महा-महाव्दीप को "पान्गिया" नाम दिया। हमारे प्राचीन ग्रन्थो में "जम्बो व्दीप" का ज़िक्र आता है। सम्भवता यह ही पान्गिया है। पान्गिया उत्तरी गोलार्थ से दक्षिणी गोलार्थ तक फैला हुआ था। नाम के अनुसार जम्बूव्दीप या पान्गिया चारों ओर महासागरों से घिरा हुआ था।

भीतर के लावे में रौद्र उथल-पुथल का दबाव पान्गिया बहुत समय तक न झेल सका। वह दो प्रमुख हिस्सो में टूट गया। एक को लौरिसिया नाम दिया गया जो अपने में आज के उत्तरी अमेरिका, ग्रीनलैंण्ड, यूरोप और वर्तमान ऐशिया के उत्तरी भाग को शामिल करता था। दूसरे को गोंण्डवाना लैंण्ड कहा गया। इसमें अन्टार्टिका, ऑसट्रेलिया, एफ्रिका और दक्षिणी अमेरीका आते हैं।

अन्ततः दक्षिणी गोलार्थ के गोंडवाना का एक छोटा सा पठारी भाग उससे टूट कर, उत्तर की ओर पलायन कर, उत्तरी गोलार्थ में पहुँच गया। किन्तु वर्तमान तिब्बत के पठार तक नहीं पहुँच पाया। उसे बाच में ही रुक जाना पड़ा। रुक कर उसने भारत की रूप-रेखा बनाने में निर्णायक भूमिका निभाई। वह अब भारत के डैकन प्लेटु (Deccan Plateau) का अंग है| भारत के अन्य भागों का पान्गिया से पैदायशी सम्बन्ध नही है।

इतनी अधिक भूवैज्ञानिक हलचलों के बीच भी पान्गिया की प्रारम्भिक आग्नेय यानी लावा चट्टानों में बनी दरारे अथवा ख़ाली जगहें लौरेसिया और गोंडवाना लैंण्ड में यथावत बनी रहीं।

पान्गिया की प्रारम्भिक चट्टाने जो लावा जमने से बनी थीं उनको आग्नेय (igneous rocks) चट्टान कहते हैं। वे अपने प्रारम्भिक अथवा मूल रूप में अब कहीं नहीं मिलती; क्योंकि बार बार लावे का ताप झेलने के बाद इन चट्टानो का प्रारम्भिक स्वरूप बदल गया। बदले हुये रूप की चट्टानो को भौमिकि शास्त्र में कायान्तरित चट्टान (metamorphic) कहते हैं। मूल चट्टानो के खनिजों का चरित्र कायान्तरित चट्टानो में बदल गया। इनके खनिज कई नाम से पहचाने जाते हैं; जिनमें से एक है ग्रेनाइट। दूसरे को बैसाल्ट नाम दिया गया। गरम लावा का दरारो, भौमिकी उथल-पुथल से जो दरारे बन गईं थी, उन पर कोई असर नहीं पड़ा। वे यथावत कायम रहीं। यह दरारे भू-जल का महत्वपूर्ण धाम हैं।

प्लेट टेक्टॉनिक्स (Plate Techtonics) या प्लेट विवर्तनिकी

पपड़ी की मौजूदगी की पुष्टी वैज्ञानिको ने अपनी नवीनतम तकनीकियों के सहारे किये गये अध्ययनो के बूते पर गत 80-100 पहले ही करी है। विज्ञान की इस शाखा को जो पपड़ी

और धरती की स्थलाकृति का अध्ययन करे, "प्लेट टेक्टॉनिक्स" या प्लेट विवर्तनिकी कहते हैं। यह आधुनिक विज्ञान की एक नई शाखा है जो स्थल मण्डल पर बड़े पैमाने पर होने वाली गतिविधियों के धरती की स्थलाकृति बनाने की व्याख्या करती है।

प्लेट टेक्टॉनिक्स ने बताये पपड़ी/क्रस्ट के हिस्से

कालान्तर में पपड़ी/क्रस्ट कई टुकड़ों में बँट गई। प्रमुख टुकड़ों के नाम हैं:

- पैसिफिक प्लेट जिस पर विशाल प्रशान्त महासागर टिका हुआ है।
- उत्तरी अमेरिकन प्लेट
- यूरेशियन प्लेट
- अफ्रीकन प्लेट
- एनटार्कटिक प्लेट
- ईन्डो-ऑसट्रेलियन प्लेट
- दक्षिणी अमेरिकन प्लेट

इनके अतिरिक्त कुछ छोटी प्लेटे भी हैं जैसे अरब प्लेट। यह सब टुकड़े मिल कर अन्दरूनी तरल लावा के गोले को पूरी तरह से ढ़कते हैं। मानों सब प्लेटें लावे पर "तैर" रही हैं। इसलिये वे चलायमान हैं यानी वे स्थिर नहीं हैं। कुछ प्लेटो का वेग तेज़ है और कुछ का धीमा। इनकी गति को हम महसूस नहीं कर सकते क्योंकि इनकी गति का माप केवल कुछ सेन्टीमीटर प्रति सौ वर्ष ही है। इस संदर्भ में तेज़ और धीमा केवल तुलनात्मक शब्द हैं।

भारतीय ब्रह्माण्ड शास्त्र में पपड़ी का ज़िक्र

भारतीय ब्रह्माण्ड विज्ञान या सृष्टि सम्बन्धी ग्रन्थो में भी पृथ्वी को ढ़क रही पपड़ी का ज़िक्र आता है। इसमें भी पपड़ी को सात प्रमुख हिस्सों में बाँटा गया है। यह ज्ञान आधुनिक विज्ञान के तौर-तरीकों से प्राप्त ज्ञान से कहीं अधिक पुराना है। यह "बाँट" किस आधार पर करी गई है, यह नहीं मालुम। यह तय है कि वर्तमान समय के विज्ञान का उस समय में विकास नहीं हुआ था। किन्तु प्राचीन बँटवारे और वर्तमान बँटवारे में अद्भुत समानता कौतुहल का विषय ज़रुर है।

भारतीय ज्ञान में भू-पटल के प्रत्येक हिस्से को "व्दीप" कहा गया है। एक को छोड़ कर, सब के नाम उस क्षेत्र में पाये जाने वाले प्रमुख वृक्षों के नाम पर धरे गये हैं। इनके नाम निम्न हैं:

- जम्बोव्दीप (जामुन)
- प्लाक्ष (पीपल)
- शाल्मली (सेमल)
- कुशा (एक प्रकार की लम्बी जड़ वाली घास)
- क्रौंच (पहाड़ी)
- शाका (पाइन वृक्ष)
- पुश्कर (मेपल वृक्ष - पाँच कोने वाली चौड़ी पत्ती वाला वृक्ष)

ऐसा माना जाता है कि क्रौंच पर्वत मानसरोवर के दक्षिण में है। अन्य शोध कर्ता इसे हिमालय का एक शिखर मानते हैं। वाल्मिकी रामायण में क्रौंच पर्वत का ज़िक्र आता है। बताया जाता है कि इस पर्वत में अनेक गुफ़ाये हैं और पर्वत वृक्ष रहित हैं और न हीं उस पर मनुष्य की बसावट है।

पपड़ी/प्लेट्स के भीतर लावा की मौजूदगी का साक्ष्य

चट्टानों की मोटी तह के नीचे पृथ्वी की कोख में लावा भरा है। पिघले हुये तरल लावा को यदा-कदा धरातल पर कुछ चुनी जगहों से बाहर निकलते देखा जाता हैं। विश्व में अब केवल कुछ चुनी हुई जगहो पर ज्वालामुखी समय-समय पर सक्रिय हो जाते हैं। ज्वालामुखी महाव्दीपों पर तो नही पाये जाते। अधिकतर ज्वालामुखी महाव्दीपो और महासागरो की सीमा पर ही पाये जाते हैं। अपने देश की समुद्र सीमा पर तो अब सक्रिय ज्वालामुखी नहीं हैं पर दक्षिण-पूर्व दिशा में इन्डोनेशिया देश के कुछ टापुओं के समीपी समुद्र में अब भी ज्वालामुखी फटते रहते हैं। इनके फूटने पर पिघले और दहकते हुये लावा के साथ अनेक किस्म की विशैली गैसें और भारी मात्रा में धूल भी निकलती है। विस्फोट इतना तेज़ होता है कि कभी-कभी उथल-पुथल के कारण धरती पर "भू-कम्पन" होता है जिसके कारण समुद्र में सुनामी लहरे उठती हैं।

कुछ दशक पहले एक ऐसे भयानक विस्फोट से इन्डोनेशिया के एक टापू का आधा हिस्सा आकाश में उड़ गया। उसकी धूल आकाश में दूर-दूर तक फैल गई और विस्फोट की आवाज़ सैंकड़ों कि.मी दूर तक सुनी गई थी।

इसी तरह वर्ष 2014 के अन्त में दक्षिणी प्रशान्त महासागर के टॉगा देश के दो टापुओ के बीच के समुद्र के अन्दर एक ज्वालामुखी मे ऐसा भयानक विस्फोट हुआ कि भारी मात्रा में लावे के साथ धूल और ज़हरीली गैसो का गुब्बार आकाश में 10,000 मीटर की ऊँचाई तक उड़ता गया। लावा ने एक छोटे से टापू को जन्म दिया जिस पर अब हरियाली और पक्षी पनपते पाये जाते हैं। इस विस्फोट को महाव्दीप बनने के मॉडेल के रूप मे देखा जा सकता है।

लगभग दो हज़ार वर्ष पहले, वर्ष 0078 में इटली देश तट के निकट माउंट विसुवियस का उदगार कुख्यात है। इसके उदगार के साथ भारी मात्रा में गरम गैसे, धूल आदि निकले और इतनी तेज़ गती से धरातल पर बैठे प्राणी जो जहाँ था वह वहीं का वहीं झुलस कर धूल-मिट्टी के जमाव में दब गया। उसकी हड्डियो का ढाँचा धूल के जमाव में अब पुरातात्विक खुदाई के दौरान पाया जाता है।

लावा उगलने वाले ज्वालामुखियो के अलावा ऐसे भी कुछ हैं जो गरम कीचड़ उगलते हैं। इनको "कीचड़ ज्वालामुखी" कहा जाता है। कीचड़ के अलावा इनके मुख से मीथेन, कार्बन डाइऑक्साइड, सल्फ़र के ऑक्साइड्स आदि हानिकारक गैसें भी निकलती हैं। बाहर निकल कर ज्वलनशील गैसे जलने भी लगती हैं। कभी कभी कीचड़ के साथ पत्थरी टुकड़े भी बाहर निकलते हैं। कीचड़ ज्वालामुखी विश्व के अनेक भागों में पाये जाते हैं। अपने देश में यह अन्डमान समूह के बाराटँग व्दीप में है। इसके 2004 के विस्फोट में आग की लपटे भी देखी गईं थी। विश्व का सब से बड़ा कीचड़ विस्फोट इन्डोनेशिया के जावा टापू पर 29-5-2006 को शुरु हुआ और 10-10-2017 तो जारी था। विशेषज्ञों का अनुमान है कि कीचड़ के उद्गार की अधिकतम सीमा 6 मिलियन घन फीट प्रतिदिन थी। इसमें अनेको मनुष्य हताहत हुये और गाँव के गाँव जल गये। कीचड़ ज्वालामुखियों की तीव्रता को रिअक्टर स्केल पर मापने लायक़ नही होता। पर इसमें समुद्र मे सुनामी लहरें ज़रूर उठती हैं।

प्लेटों की संधी पर होने वाली भौमिकी हरकतें

परत या प्लेट्स की सन्धियों पर अन्दरूनी लावे की हलचलों के दबाव में सन्धियों में आपस में रगड़ लगती रहती है यानी उनमें आपस में टकराव होता रहता है। ऐसें टकरावों ने मिल कर धरती की स्थलाकृति बनाई है।

प्लेटों के टकराव से, प्लेटों मे सिलवटें पड़ जाती हैं। दूसरे शब्दों में इनको प्लेटों की सुकड़न भी कह सकते हैं। सुकड़न के उत्थान वाले स्थान अन्तःत पहाड़ बन जाते हैं। स्थलमण्डल बनने के बाद ऐसी भौमिकी हलचलों का होना चालू हो गया था। कुछ विशेष प्रकार की भौमिकी हलचलो से प्रभावित जब छोटी प्लेट बड़ी प्लेट से टकराती हैं, तब दोनों की सन्धी पर ख़ास तरह की हरकत होती है। छोटी प्लेट बड़ी प्लेट के नीचे घुस जाती है जिससे बड़ी प्लेट का वह भाग ऊपर उठ जाता है। ऐसी "उठान" बार-बार होने से एन्डीज़ पर्वत बन गया। यहाँ स्पष्ट कर दे कि हिमालय पर्वत ऐसे नहीं बना है।

सिलवटों की सब उठाने पर्वत बनाने में सफल नहीं होती। अन्दरूनी लावे के झटकों से कुछ टूट जाती थीं। उनका मलवा वहीं पड़ा रहता था। कालान्तर में वह ठोस परत का रूप ले लेता था। यह चुटकी भर समय में नहीं हुआ। वरन करोड़ों-करोड़ वर्ष लग गये। इस भौमिकि प्रक्रिया का आगे विस्तार से वर्णन करा गया है।

चट्टानो का पानी के दृष्टिकोण से वर्गीकरण

उगलते लावा ने कई तरह की चट्टाने बनाईं - इनका रासायनिक चरित्र एक दुसरे से भिन्न होने पर भी, पानी की पारगम्यता के हिसाब से ये दो तरह की होती हैं; या तो वे पानी के प्रति पारगम्य है या नहीं। पारगम्य चट्टाने अपने ऊपर गिरे पानी को सोख सकती हैं। यानी पानी उनसे "पारगम्य" है। इनमें वर्षा के पानी के जमा करने के स्वभाविक धाम बनते हैं। पर कुछ चट्टाने पानी नहीं सोख सकती यानी पानी उनके लिये अप्रवेश्य है।

पारगम्यता दो प्रकार की होती है

- मौलिक; यानी चट्टान के कणों के बीच की ख़ाली जगहें जो आँख से देखने पर ठोस लगते है। किन्तु पानी इतना

अधिक तरल होता है कि वह कणों के मध्यान्तर की जगह "देख" कर उनसे निकल कर (रिस कर) नीचे की ओर जाता है। वह अपना "तल" खोजता रहता है जिस पर वह "विश्राम" करे अथवा अपने रहने का "ठाव" या "घर" बना सके।

- कुछ चट्टानों में छिद्र तो होते हैं पर वे आपस में जुड़े नही होते। इस अवस्था में चट्टान को "स्पौंज" (sponge) कहते हैं। ऐसी चट्टाने पानी पर तैर सकती हैं।
- चट्टान की अन्य कारणों से बनी पारगम्यता - इसका मुख्य कारण है चट्टान में भौमिकि कारणों से पड़ी दरारें जिनको एक दूसरे से अन्य दरारे जोड़ती हैं। यह गौड़ पारगम्यता है। इस प्रकार की दरारे रिसते पानी के भूमि के भीतर भंडारण करने के मुख्य धाम बनाती। दक्षिणी भारत की प्रमुख नदियाँ - गोदावरी, कृष्णा तथा कावेरी पठार में पड़ी दरारों में भरे हुये पानी के कारण है।

भौमिजल भंडारण में यह गुण केन्द्रीय भुमिका निभाता है।

धरती के जीवन काल और हिम युग

भू-गर्भीय गतिविधियो से धरती का स्वरूप बना। इसी श्रंखला में युगों पहले एक शक्तिशाली विस्फोट से पूर्वी एफ्रीका में 3,700 कि.मी. लम्बी घाटी बनी। विस्फोट के साथ आकाश में गहरी धूल भर गई। सूर्य का प्रकाश और गर्मी धरती तक नहीं आ पाया। इसके कारण जलवायु में परिवर्तन आया। धरती पूरी तरह से हिम से ढक गई क्योंकि सूर्य की गर्मी धरती तक पूरी तेज़ी से या मात्रा में नही आ पाई। ऐसा क्यों हुआ, इसके बारे में कुछ नहीं कहा जासकता। धरती पर हिम युग चार बार आये।

भू-भौतिकि वैज्ञानिको ने धरती की अन्दरुनी रचना बनने के लम्बे काल को चार कल्पों अथवा "इयोन्स" में विभाजित करा है। प्रत्येक कल्प की अवधि 50,000 करोड़ वर्ष, या उससे

भी अधिक, मानी गई है। वर्तमान इयोन का नाम - दृश्यजीवी अथवा फैनेरोज़ोइक (phanerozoic) है। इसके पहले के कल्पो को पूर्व-कैम्ब्रियाई (Precambrian) कहा जाता है। हिमयुग के अन्त में विशाल बर्फ के पहाड़ पिघलने लगे तो हिमनदियों का फैलाव होना शुरु हो गया। अब होलोसीन युग (नूतनतम युग) शुरु हुआ। इस अवधि में:

* नम और शुष्क जलवायु का जन्म हुआ।
* वायुमण्डल में ऑक्सीजन गैस की मात्रा प्राःय न्यून थी और इसी काल में प्रकाश संस्लेशन प्रक्रिया का विकास हुआ। धीरे-धीरे वायुमण्डल में ऑक्सीजन की मात्रा बढ़ती गई।
* घास के मैदान घने जंगलों में तबदील हो गये।
* धरती पर अनेक तरह के जीव-जन्तुओं का विकास हुआ। कैम्ब्रियन कल्प में कठोर ढ़ांचे वाले जीवो का विकास हुआ।
* इन्सान ने फसले उगाना शुरु कर दिया। इसके साथ ही शिकार और मछली पकड़ कर जीविका चलाने वाले युग भी समाप्त होगया।
* इसी काल में धरती की वर्तमान रूप रेखा व स्थलाकृति, पहाड़, मैदान आदि बने। वर्तमान स्थलाकृति बनाने में भयानक भू-वैज्ञानिकि हलचले हुईं।

अनुमान है कि इस युग की आयु पृथ्वी की कुल आयु का केवल आठवाँ भाग ही है। परन्तु धरती के इतिहास में यह बहुत ही महत्वपूर्ण है।

धरती की आयु का माप कैसे होता है

आयु का माप परतदार तलछटी (सेडिमेंन्टरी) चट्टानो में पाये जाने वाले जीवाश्मो अथवा फॉसिल्स (fossils) से किया जाता

है। इनका अध्ययन भौमिकी और भू-भौतिकि विज्ञान की विशिष्ट शाखा से सम्बन्ध रखता है। इसमे धरती की परतदार चट्टानो (सेडिमेंन्टरी चट्टान) में पाये जाने वाले जीवाश्मों का अध्ययन किया जाता है। इसको पैलिन्टॉलोजी कहा जाता है। इन तकनिकियों का वर्णन करना इस समय असामयिक है।

जीवाश्म क्या हैं

धरती पर गत काल में बसने वाले जीवों के परिरक्षित अवशेषों की चट्टानो में छोड़ी गई “छाप” को जीवाश्म कहते हैं। यह परतदार चट्टानों की तहों में दुबके या दबे रहते हैं। विषय के जानकार ही सख्त मेहनत के बाद ही इनको खोज पाते हैं। जिस किस्म की चट्टान में ऐसी छाप छोड़ी जाती है, उससे यह अन्दाज़ लगाया जाता है कि यह किस भौमिकी काल की है। आग्नेय या उनकी कायाआन्तरित शैलो में जीवाश्म नही पाये जाते क्योंकि वे इतनी अधिक तप्त अवस्था में थीं कि उन पर जीवन नहीं पनप सकता था।

प्राणीमात्र के जीवाश्म बनने के लिये दो आवश्यकताये पूरी होना ज़रुरी है। पहला यह कि उनमें कठोर अंग हो और दूसरा यह कि उनका जीवित रहते ही परतदार तह (अवसादी) के जमते समय उसमें तुरन्त ढक या दब जाना चाहिये। अवसादों से ढ़के रहने के कारण वे हवा के सम्पर्क में नहीं आ पाते। इसलिये उनका प्राकृतिक क्षय नहीं होता। इसलिये जीवाश्म केवल परतदार चट्टानो (सेडिमेन्टरी रॉक्स) में पाये जाते हैं।

जीवाश्मों के अध्ययन से पता चलता है कि धरती पर जीवो का सर्व प्रथम विकास समुद्र में हुआ था। आरम्भ में यह अति-सूक्ष्म प्राणी थे; वे धीरे-धीरे बड़े जीवों में विकसित होते गये पर उनके शरीर में ढाँचे में हड्डी या शेल जैसा कोई कठोर अंग नहीं था। इनसे ही हड्डी वाले जीवों का विकास बड़ी धीमी

गति से हुआ है। थलवासी जीव तो धरती बन जाने के बाद ही आये। इसलिये उनके जीवाश्म नहीं मिलते। उनके एकाएक जीवित अवस्था में धूल आदि में दबना नहीं होता। जैसा कि कहा जा चुका है, ऐसा केवल एक बार ही इटली के ऐतिहासिक शहर पॉम्पीआइ में वर्ष 0078 में हुआ था। तब विस्युवियस नाम के ज्वालामुखी से अचानक इतनी बड़ी मात्रा में धूल आदि का उद्गार हुआ कि जो जहाँ था वहीं दब गया। कंकालो के पूरे के पूरे अवशेष तो मिलते हैं पर अभी इतना समय नहीं गुज़रा कि कंकाल जीवाश्मों में बदल जायें।

अध्याय 4

धरती पर मनुष्य का आगमन

जब धरती "जीवन" सम्भालने लायक़ ठंडी हो गई, तब उस पर मनुष्य समेत सभी जीव धारीयों का उदय हुआ। प्रारम्भिक जीव अब कहीं नही मिलते। वे आते गये, मिटते गये और नये अधिक विकसित जीव प्रगट होते रहे।

जीवन का आरम्भ

300 मिलियन वर्ष पहले ही आदिमनुष्य का आगमन, पूर्वी एफ्रीका में हुआ माना जाता है। क्योंकि आदि मनुष्य का सब से पुराना फॉसिल यहीं मिला है। यहीं से Cenozoic यानी हालिया युग का आरम्भ हो गया।

मनुष्य का आगमनः ब्रह्माजी के मानस पुत्रों की अवधारणा

यह तो हम सब अच्छी तरह जानते हैं कि अग्नि में कोई जीवित नहीं रह सकता। जब स्वयं धरती आग के गोले से बनी है तब यह प्रश्न उठना स्वभाविक है कि फिर उस तरह-तरह का रंग-बिरंगा जीवन कैसे जल, थल और नभ में पनप रहा है।

इस गुथ्थी को सुलझाने के लिये दो तरह की अवधारणायें हैं। विज्ञान कहता है कि प्राथमिक जीव समुद्र में माइक्रोब्स थे। उन्ही के विकास से रंग-बिरंगे जीवन की उत्पत्ती करोड़ो वर्षों में हुई। इसके विपरीत पौणानिक कथाओ में ब्रह्मा जी को सृष्टी

के रचनाकार माना गया है और यह बताया गया कि सारी सृष्टी उनकी "मानसशक्ति" से हुई।

ब्रह्माजी ने अपने शरीर के दो टुकड़े किये। एक अंग से पुरुष मनु और दूसरे से स्त्री सतरूपा की उत्पत्ती हुई। यह मनुष्य जाति के आदि माता-पिता हैं, यानी सब मनुष्य इन्ही की सन्ताने है।

ब्रह्माजी ने कई मानस पुत्र-पुत्रीयों (प्रजा-पति) को भी जन्म दिया। इनमें हैः प्रजापति - पुलाहा, क्रतु, वसिष्ठ, भृगु, नारद, मारिची, अंगीरा, अत्री, पुलस्त्य, विश्वकर्मा, अवनी, दक्ष, और इन्द्र। प्रजापति का मतलब है जनता की न्यायपूर्वक सेवा करना। ये सब ही सृष्टी कर्ता हैं।

"मानसपुत्र" परम विद्वान मारिची के पुत्र ऋषी कश्यप ने सम्पूर्ण सृष्टी की रचना करी। यह सप्तऋषीयों में से एक हैं। इनका आश्रम पौणानिक मेरु पर्वत के शिखर पर था। पुराणों में मेरु पर्वत धरती का केन्द्र स्थल बताया गया।

दक्ष प्रजापति की अनेक पुत्रीयाँ थी। इनमे से १३ पुत्रियों, दिती व अदिती समेत, का विवाह ऋषी कश्यप से हुआ। पुत्री सावित्री ने स्वयं ब्रह्माजी को चुना; पुत्री क्रोधा ने शुक्राचार्य को चुना। शुक्राचार्य भृगु ऋषी के पुत्र थे। परन्तु पिता की इच्छा के विरुध्द सती ने भगवान शिव का वरण किया। विवाह-स्थल को दक्ष प्रजापति ने तहस-नहस कर दिया और सती ने हवन की ज्वाला में कूद कर अपने जीवन का अन्त कर लिया।

ऋशी कश्यप की सन्ताने

ऋषी कश्यप की पत्नीयों में अदिती और दिति शामिल हैं। दिती से बलशाली भुजाओं वाला दानव (असुर) पैदा हुआ; अदिती से दैविक अथवा सात्विक प्रवृति के सुर (यानी मनष्य) तथा क्रोधा

से शुक्राचार्या का जन्म हुआ। शुक्राचार्या उन्होने दिती और अदिती, दोनों के पुत्रो यानी असुर (दानव) और सुर (आर्य), को शिक्षा दी। पर वे असुरो के ही गुरु माने जाते हैं। उनके पास "संजीवनी विद्या" भी थी। इस विद्या के सहारे मृत शरीर को फिर से जीवित किया जा सकता था। सुर और असुर वह दोनो उस विद्या को उनसे हासिल करना चाहते थे। शुक्राचार्या ने वह विद्या न तो सुरो (अदिती के पुत्रो) और न ही दिती के पुत्रो (दानवो) को दी संजीवनी विद्या शंक्राचार्या ने अपनी इकलौती पुत्री तक को नहीं दी। पर गुरु शुक्राचार्या की कृपा-दृष्टि दानवो के प्रति थी।

दिती के पुत्र दानव, अदिती के पुत्रो (आर्य) को सताया करते थे। शुक्राचर्या युद्ध में मारे गये दानवों को तो पुनः जीवित करते थे; किन्तु सुरो को नहीं करते थे। इसलिये आर्यो ने वहाँ (उत्तर पूर्वी एफ्रीका) से पलायन करना ही उचित समझा शुरु में वे सेन्ट्रल युरोप की ओर गये और स्टेपीज़ (स्टप्स) के मैदानी क्षेत्र में खेती करना आरम्भ कर दिया। लगभग 2,000 BCE में उन्होने सेन्ट्रल यूरोप से इरान की तरफ पलायन कर दिया। सम्भवतः इस पलायन का मुख्य कारण यह था कि पश्चिमी उत्तर एफ्रीका में भी दानवी प्रकृती के आदिमनुष्य का उद्धव हुआ था। इस आदिमनुष्य ने उत्तरी एफ्रिका और यूरोपीय स्पेन देश के बीच की जल संधि (जल-डमरु) के रास्ते स्पेन में प्रवेश किया और युरोप के स्ट्प्स तक पहुँच गये। वहाँ उन्होने आर्यो को सताना शुरु कर दिया। इसलिये आर्यो ने उनका सामना न कर वहाँ से पूर्व में इरान के रास्ते सिन्धु घाटी की ओर पलायन करना ही उचित समझा। सम्भवतः यह पलायन सेन्ट्रल युरोप में हो रहे जलवायु परिवर्तन से प्रेरित था जिसके चलते उस क्षेत्र में सर्दी धीमे-धीमे बढ़ रही थी।

आर्य मनुष्यो ने सामुहिक रूप में सिन्धु घाटी की ओर पलायन

इस पलायन को इतिहासविज्ञो ने Mass Indo Aryan Migration कहा। आर्य जातिवादक संज्ञा का उपयोग इस समूह की अलग से पहचान बनाने के लिये करा गया। आर्य सिन्धु-सरस्वती घाटी के मूल निवासी नहीं थे। आर्यो के आने के पहले यहाँ हरप्पा सभ्यता पनप रही थी। वे ही यहाँ के मूल निवासी थे। इस सभ्यता को सम्भवता वर्षो चले दुर्भिक्ष ने ख़तम कर दिया था।

डीएनए विज्ञान ने की पुष्टी

आधुनिक विज्ञान ने इस विचारधारा की पुष्टी वर्ष 1950 के बाद विकसित डीएनए प्रणाली से की। यह प्रणाली वंशावली निर्धारित करता है। सौभाग्य से, हरप्पा काल की एक स्त्री का कंकाल मिल भी गया। उस कंकाल से उसका डीएनए निकाला गया जो आर्यों के डीएनए से मेल नही खाता। उस समय आज के हरियाणा में भी बसावट थी। वहाँ मिले कंकालों के DNA से भी आर्यो का DNA मेल नहीं खाता। डीएनए विज्ञान अति गूढ़ विषय है।

आर्यो का आध्यात्मिक चिन्तन

भारत में बसने वाले आर्य आध्यात्मिक चिन्तन में लीन होगये। उन्होने वेदो की रचना करी। अपने तप से उन्हे दिव्य दृष्टी प्राप्त हुई इसके बल पर उन्होने सप्तऋशी तारामण्डल का भी अध्ययन तक कर लिया। सातों तारों को ऋषीयों के नाम पर चिन्हित किया। उनमे से एक को वसिष्ठजी का नाम दिया। उनको यह भी पता चल गया कि यह तारा अकेला नहीं हो कर वास्तव में “जुड़्वाँ” तारा है; दूसरे का नाम वसिष्ठजी की पत्नी अरुणधती के नाम पर रख दिया। यह एक-दूसरे का चक्कर

लगाते रहते हैं। पश्चिमी विज्ञान ने यह तथ्य वर्ष 1857 मे टेलिस्कोप की सहायता से ही बता पाया।

शुक्राचार्या का भारत की ओर पलायन

गुरु शुक्राचर्या ने भी एफ्रीका से पलायन करना उचित समझा। वे आर्यो के पीछे-पीछे आने लगे। किन्तु वे सिन्धु घाटी में नहीं रुके और आगे बढ़ कर डंडक वन (डंडाकारण्य) में डेरा डाल दिया। अब मूल स्थान पर केवल दानव ही रह गये। प्राचीन मिश्र, या आधुनिक ईजिप्ट के शासकों ने दानव की बलवान भुजाओं का उपयोग पिरामिड्स आदि बनाने में किया। इनके निर्माण में बड़े-बड़े पत्थरो का इस्तेमाल हुआ, जिनको तोड़ना, तोड़ कर ऊँचे स्थान पर ले जाना आसान काम नहीं है।

शुक्राचार्य इजिप्ट में अपनी छाप अवश्य छोड़ गये। तोते पक्षी को शुक्र भी कहा जाता है। काहिरा युनिवर्सिटी की सील में तोते पक्षी को स्तम्भ पर बैठे बनाया गया है जैसे काशी हिन्दु विश्व विद्यालय की सील मे वीणा-वादिनी सरस्वती देवी बनी हुई हैं।

शुक्राचार्या का डंड्क वन में बसना

शुक्राचार्य, आर्यों की बसावट से बहुत आगे जाकर दण्डकवन में अपना आश्रम बनाया और अपनी इकलौती पुत्री अरजा के साथ रहने लगे। उस समय वर्तमान नासिक के निकट से लेकर बसतर ज़िले तक घनघोर जंगल फैला हुआ था। इस क्षेत्र का राजा डंडक था। डंडक रावण का मामा था। यहाँ तक रावण का आधिपत्य था। एक दिन डंडक भ्रमण करते करते शुक्राचार्य के आश्रम तक पहुँच गया। उस समय आश्रम में अरजा अकेली थी। वह उसके साथ अनाचार करने पर उतारु होगया और अरजा का शील भंग कर दिया। पिता के लौटने पर अरजा ने रोते-रोते सब

घटना पिता को सुनाई। क्रोधित शुक्राचार्य ने डंडक को श्राप दिया कि एक सप्ताह के भीतर उसका राज्य नष्ट हो जायेगा। अपने दैत्यो को आज्ञा दी कि पूरे राज्य को नष्ट कर दो। और राज्य नष्ट हो गया। यही डंडकारण्य वन है। अपने वनवास के समय लक्ष्मण सहित श्री राम सीताजी की खोज के समय इसी वन से गुज़रे थे और अनेको राक्षसो का वध किया था।

अध्याय 5

पृथ्वी/धरती की महता और चन्दा मामा

पृथ्वी/धरती की महता का सन्देश समाज को देने के लिये विश्व भले ही उस का जन्म दिन वर्ष में एक दिन मनाने लगा हो, पर हमारी संस्कृति में वर्ष के हर दिन धरती की वन्दना करने का रिवाज़ था। वेद-पुराणो में धरती को सृष्टिकर्ता भगवान विष्णु की पत्नी माना गया है। इसलिये उसे हम माँ के रूप में पूजते हैं। 'धरती माँ' के प्रति सम्मान प्रगट करने के लिये या उसका आदर करने के लिये प्रतिदिन प्रातःकाल सो कर उठने के साथ दोनों हाथ से धरती छू कर निम्न मंत्र उच्चारण करने की प्रथा हमारी परम्परा थीः

समुद्रे वसने देवी! पर्वत स्तन मंडिते! विष्णु पत्नि नमस्तुभ्यं! पाद स्पर्षे क्षमस्व मे॥

मंत्र का आशय इस प्रकार है - हे देवी। आप समुद्र रूपी परिधानों (वस्त्रों) से और अपने वक्ष पर पर्वतों से शोभायमान हो। धरती माता! मै सो कर उठने पर अपने चरण आप पर धरने की धृष्टता करने वाला हूँ। यानी आपका स्पर्ष अपने चरणों से करने जा रहा रहा हूं। हे देवी! इस धृष्टता के लिये आप मुझे क्षमा करें। पर हे देवी! आप ही तो सब की आधार भूमि हैं, आप पर पैर धरे बिना तो कुछ हो ही नहीं सकता।

इस मंत्र में समुद्र व पर्वत दोनो को पुज्य माना गया है। समुद्र ही सूर्य के प्रचंड ताप से हमारी रक्षा करता है। वह "पानी चक्र" (water cycle) व्दारा समुद्र का खारा पानी वर्षा व्दारा देता है। दूसरी बात धरती के अधिकतर भाग पर समुद्र फैला हुआ है। यह पानी सूर्य से आता हुआ प्रचंड ताप सोख लेता है। पानी की विशिष्ट ऊष्मा एक है। जब कि अन्य वस्तुओं की 0.1 के लगभग। यानी एक केलोरी ताप ऊष्मा सोखने के बाद पानी मात्र 1C हे गरम होगा जब कि अन्य पदार्थ लगभग 10 C|

पर्वत, वर्षा के शुद्ध पानी को अपनी चट्टानो की दरारों में मनुष्य के इस्तेमाल के लिये जमा कर लेते हैं। सम्भवता इसलिये ही भगवान कृष्ण ने मेघों के देवता इन्द्र की पूजा बन्द करवा के विन्धाचल पर्वत की पूजा करवानी शुरु करी थी। क्योंकि मेघ तो केवल वर्षा ऋतु में पानी देते है पर पर्वतो से तो पूरे वर्ष पानी मिलता है।

धरती को प्रणाम करने की प्रथा

कुछ वर्ष पहले तक सुबह उठ कर धरती को प्रणाम करने की प्रथा का पूरे देश में प्रचलन था। परन्तु देश में पश्चिमी शिक्षा का असर दिन प्रति दिन बढ़ते जाने से शहरी समाज इस प्रथा को भूलता जा रहा है पर गाँवो में अब भी इस मंत्र की मानता कुछ बची है। पर वहाँ से भी अब धीरे-धीरे यह प्रथा मिटती जा रही है। किन्तु हर धार्मिक पर्व, हवन व अन्य अनुष्ठान की शुरुआत धरती-पूजन से ही शुरु होती है। कोई नया निर्माण करने के पहले "भूमि पूजा" करने का प्रचलन बढ़ता जा रहा है।

प्रणाम छोड़, मनुष्य ने धरती के साधनो का उपहास किया

संसार में सब से पुरानी भारतीय सभ्यता है। यह प्राकृतिक साधनो को श्रद्धापूर्वक इस्तेमाल करती थी। भारतीय व अन्य

पूर्वी सभ्यताओं का मूल मंत्र सिने जगत के इस गाने में व्याप्त है: “थोड़ा है थोड़े की ज़रुरत है; ज़िन्दगी फिर भी यहाँ ख़ुश है”। इस कथन को महात्मा गाँधी ने स्वयं अपने जीवन में उतारा था। वे पश्चिमी जीवन-शैली की बिना सोचे-समझे नक़ल करने के पक्ष में नहीं थे। इसलिये उन्होने स्वदेशी, खादी और हथ-करघा उद्योग के पक्ष में अपनी आवाज़ उठाई थी। ‘स्वदेशी’ शब्द का उपयोग उन्होंने शब्द के सम्पूर्ण व्यक्तित्व के लिये किया था। उसमें देश की सांस्कृतिक विरासत से लेकर ऑद्योगिक उत्पाद तक शामिल थे।

इसके विपरीत, पश्चिम की विज्ञान से प्रभावित सभ्यता अपनी जीवन-शैली को अधिक से अधिक सुखमय बनाती आ रही है। उसके विचारों में “सुख” की कल्पना में चीज़ो की अधिक से अधिक खपत करना निहित है। चाहे वह वस्तु दूध हो या मांस हो, या स्टील काग़ज़, सीमेंन्ट, विद्युत आदि। परन्तु ऐसे भौतिक “सुख” की कोई सीमा नहीं है। वस्तुओं की प्रति मनुष्य प्रति वर्ष वार्षिक खपत को ही उसने विकास का या सुखमय जीवन का माप माना। ऐसा करने के लिये, उसने प्राकृतिक साधनो - धरती से प्राप्त खनिज सम्पदा, का जमकर दोहन करना शुरु कर दिया। उसकी नासमझी से धरती पर पानी के कुदरती भंडारो का विनाश होने लगा। क्योंकि जिस प्राकृतिक भू-सम्पदा - कोयला, लौह, एल्युमिनियम, ताँबा, लाइम-स्टोन आदि का वह खनन कर या नदी तल व उसके किनारे से बालू बाहर निकाला जाता है, उन्ही में पानी के भूमि के भीतर धाम बनते हैं।

पिछले सौ वर्षों में पश्चिमी सभ्यता से प्रभावित मनुष्य जाति को यह कठोर सत्य अब समझ में आने लगा कि उसकी धरती, पानी और हवा के प्रति भी गम्भीर जिम्मेदारी बनती है। कुदरत मनुष्य जाति से अपेक्षा रखती है कि जिस पृथ्वी को

मनुष्य के रहने लायक़ धरती बनाने में उसे करोड़-करोड़ वर्ष लग गये वह उसके दिये हुये साधनो का इस्तेमाल संयम से करे और उनका उपहास न करे।

हम सब का यह कर्तव्य बनता है कि अपने प्राकृतिक साधनो के मूल चरित्र को समझ कर ही उनका उपयोग करें ताकि उनका चरित्र और स्वभाव वैसा ही बना रहे, जैसा कि प्रकृती ने रचा था। हमें उनकी सुरक्षा सजग प्रहरी की भांति करनी होगी। इन साधनो को हमारे उपयोग के लायक़ बनाने में प्रकृती को करोड़ों-करोड़ वर्ष लगे हैं। वे किसी मानवी हरकत से नहीं बने और न ही मानव में इतनी क्षमता है कि वह उन्हे बना सके।

पृथ्वी का धरती के रूप में रूपान्तर चुटकी भर समय में नहीं हुआ। उसके रूपान्तर की कथा बहुत रोमान्चित है। इस कथा के बहुत मोटे स्वरूप को पाठको के समक्ष रखने का प्रयास अब हम करते हैं।

पृथ्वी का उपग्रह - चन्दा मामा

ग्रहों में पृथ्वी और बृहस्पति ही दो ग्रह हैं जिनके अपने उपग्रह हैं। पृथ्वी के उपग्रह को चन्द्रमा कहते हैं। बृहस्पति के चार मुख्य उपग्रह हैं। वैज्ञानिको का मानना है कि पृथ्वी के जन्म के कुछ करोड़ वर्ष बाद चन्द्रमा का जन्म पृथ्वी से हुआ था। चन्द्रमा के जन्म के समय पर पृथ्वी पूरी तरह से तरल लावा की ही बनी हुई थी। वैज्ञानिको का ऐसा अनुमान है कि उस समय बुद्ध ग्रह की समान साइज़ वाला एक खगोलीय पिन्ड धरती से टकराया था। टकराव के स्थान पर एक विशाल गहरा गड्ढ़ा बन गया जो अब प्रशान्त महासागर के नाम से जाना जाता है। यह टक्कर इतनी भयानक या ऊर्जावान थी कि पृथ्वी का सूर्य से जन्मा हुआ मूल रूप एकदम नष्ट हो गया। इस

टक्कर का प्रत्यक्ष प्रमाण तो दिया नहीं जा सकता। केवल अप्रत्यक्ष निष्कर्षो के बल ही ऐसा माना जाता है। इनकी चर्चा आगे करते चलेंगे।

धरतीं के जिस भाग तक यह पिंड पहुँचा उसमें अब लोहा और निकल दोनो पाये जाते हैं। किन्तु बीजकोश मे केवल लोहे की प्रधानता है। इसी लोहे के कारण, पृथ्वी का अपना चुम्बकीय क्षेत्र या फील्ड है।

पिण्ड के पृथ्वी के लावे में गिरने से पिंड के आयतन के करीब-करीब बराबर लावा रॉकेट की भांति अत्यन्त वेग से आकाश में उछल गया। अब यह चन्द्रमा के रूप में पृथ्वी की परिक्रमा कर रहा है यानी पृथ्वी का उपग्रह है। चद्रमा का व्यास 3474 कि.मी है जब कि बुद्ध ग्रह का 4878 कि.मी।

सफलतापूर्वक कृत्रिम उपग्रह छोड़ने की क्रिया भी इस प्राकृतिक घटना का पलट है। इस में अति वेग के साथ आकाश की ओर कृत्रिम उपग्रह पृथ्वी के गुरुत्वाकर्षण बल के बाहर आकाश में भेजा जाता है। बहुत छोटे स्केल पर हम यही क्रिया दिवाली आदि उत्सवों में "हवाई" आसमान की ओर चला के करते हो। "हवाई" में ऊपर ले जाने वाला बल बहुत क्षीण होता है।

वैसे तो हमारी मान्यता अनन्त काल से यह रही है कि पृथ्वी का चन्द्रमा का घनिष्ठ सम्बन्ध है। बच्चों को लोरीयाँ गा कर सुलाते समय चन्द्रमा को "मामा" शब्द से सम्भोदित किया जाता है। इस मान्यता की वैज्ञानिक पुष्टी मनुष्य के चन्द्रमा पर पैर रखने के बाद ही हुई है। चन्द्रमा की चट्टानो के सूक्ष्म अध्ययन के बाद से चन्द्रमा की उत्पत्ती और उसकी बनावट को अच्छी तरह समझने लगे है। इनसे पता चला कि चन्द्रमा जो अब ठोस है, अपने भौमिकी गत काल में तरल लावा था। ठोस चन्द्रमा की चट्टानो की बनावट पृथ्वी की चट्टानो से बहुत

मेल खाती है। इसके अंतरभाग या बीजकोश में लोहे धातु की प्रधानता है। उसके धरातल की रचना भी धरती से बहुत मेल खाती हुई है। पृथ्वी के बीजकोश के बाहर लोहे के अतिरिक्त निकल धातु भी मिलती है। इसका मतलब यह है कि निकल धातु पृथ्वी का अपना मूल "माल" नहीं है। वह अवष्य ही आकाश मण्डल से तेज़ वेग के साथ आते हुये किसी खगोलिक पिण्ड का अंश रही होगी।

चन्द्रमा में ख़रगोश की आकृति

जिस तरह पृथ्वी के धरातल पर ऊँचे (महाव्दिपीय) और गहरे गड्ढे (महासागरीय) हैं वैसे ही चन्द्रमा के धरातल पर भी है। यह गड्ढे आपस में जुड़े नहीं हैं। धरती से जब चाँद की ओर ताका जाता है तो ये गड्ढे धब्बे के रूप में दिखाई पड़ते हैं। सब गड्ढे मिल कर ऐसा आभास दिलाते हैं मानो चन्द्रमा पर एक अति विशाल ख़रगोश बैठा है। ख़रगोश को "ससा" भी कहते हैं। इसलिये चन्द्रमा को "ससांक" या "शसांक" भी कहते हैं, यानी जिस पर "ससा" अंकित हो।

ख़रगोश के चन्द्रमा पर पहुँचने की अनेक देशों - कोरिया से ले कर श्री लंका तक - में क़रीब-करीब एक सी गाथायें हैं। सब से अधिक प्रचलित लोक गाथा में धरती पर तीन अनन्य मित्र - बन्दर, खरगोश और सियार - किसी जंगल में एक साथ रहते थे। तीनो ही अपने को दूसरों से बढ कर दानी बताते थे। उनकी परीक्षा लेने के लिये देवराज इन्द्र (उस समय के सब से महान देवता, मगर अब उनकी महिमा बहुत कम है) नें एक भूखे आदमी का रूप धारण कर उन तीनों के सामने प्रगट होकर, उनसे उसे कुछ खिलाने की याचना करी क्योंकि वह बहुत भूखा था। तुरन्त ही बन्दर पके पके आम ले आया पर सियार को भोजन की तलाश के दौरान नदी के किनारे मछुआरे

की पकड़ी हुई मछलियो का भरा टोकरा दिखाई पड़ा। वह उसे चुरा कर उठा लाया और भूखे आदमी को दे दीं। अब ख़रगोश की बारी थी। वह भूखे आदमी से बड़ी दीनता से बोला कि वह तो केवल घास ही ला सकता है पर वह आदमी के किसी काम की नहीं। देखते-देखते उसने सूखी पत्तियो को ईकट्ठा कर आग जलाई और यह कहते हुये कि आप मेरा भुना हुआ मांस खा कर अपनी भूख मिटा लो, वह उसमें कूद पड़ा। तुरन्त ही इन्द्र अपाने असली रूप में आगये और उसे रोकते हुये कहा कि वह ही महादानी है और वे उसे चन्द्रमा में बैठा देंगे ताकि धरती पर मनुष्य उसके दान से सीख लेता रहे कि वह निज स्वार्थ को त्याग कर दूसरों की सेवा करना उसका धर्म है। गुरूव्दारों में लगा लंगर इसका छोटा सा अनुकर्णीय उदाहरण है।

खगोलिक पिण्ड की टकराव के परिणाम

खगोलिक पिण्ड के पृथ्वी के लावा में वेग के साथ गिरने से उसमें भयानक लहरें उठीं लगी और अनेक अन्य प्रकार की हलचलें उसकी कोख में हुईं। हलचलों का अंदाज़ लगाने के लिये उसके छोटे सा मॉडेल मक्खन निकालने के लिये मथनी से मचे छाछ में बनता है। उसमें ऐसी उथल-पुथल मचती है मानो भगवान शिव तांडव नृत्य कर रहे हों। ऐसा ही कुछ लावे में हुआ।

पौराणिक कथाओं और आधुनिक काल की धरती की उत्पत्ती के ज्ञान में तालमेल बैठाने के लिये लेखक को लगता है कि जिस वस्तु को विज्ञान तरल लावा कहता है उसे पौराणिक कथाओं में “क्षीर” कहा गया। कथाओं में कहा गया कि भगवान विष्णु “क्षीर सागर” में शेषनाग सर्प की कुंडली पर लेटे हुये उस समय का इन्तज़ार कर रहे थे जब पृथ्वी की हालत (वातावरण) और जलवायु सृष्टी संभालने लायक़ जो जाय तब उस पर वे अपना रचनात्मक काम आगे बढ़ायें।

लावा में कोलाहल, सागर मन्थन और चंदा मामा

प्राचीन काल में ऋषी-मुनी वास्तविक सत्य समझते हुये भी उसे साधारण जनता तक पहुँचाने के लिये उसे कहानी के रूप में बताते हैं ताकि जनता समझ सके। उन्होने लावा के सागर को क्षीर सागर कहा क्योंकि भगवान के भोग में खीर का उपयोग किया जाता है। यह साधारण मनुष्य की समझ के बाहर था कि भगवान विष्णु (सृष्टिकर्ता) अति तप्त लावे पर विराजमान हो सकते हैं। इसलिये कहा गया कि भगवान "क्षीर" सागर में शेषनाग की कुडंली पर विराजमान थे।

खगोलिक पिण्ड के पृथ्वी से टकराव की धटना को पौराणिक कथाओं में सागर-मंथन का रूप दे दिया। मथनी के रूप में पृथ्वी के केंद्र में स्थित मंदार पर्वत का इस्तेमाल किया गया। मथनी की रस्सी के लिये भगवान शिव ने अपना वासुकी सर्प दिया था। उसका एक छोर देवताओं ने और दूसरा छोर दानवों ने पकड़ कर "लावा" मथना आरम्भ किया।

जैसे दही मथने पर मक्खन निलता है इसी प्रकार लावा के रूप में "क्षीर सागर" से अनेक वस्तुऐं निकली। स्वयं माँ लक्ष्मी प्रगट हुईं और उन्होने भगवान विष्णु का वरण करा। इसलिये हम धरती को "माँ" कहते हैं। सभी बच्चे माँ की गोद में पलते हैं। हमें भारत की धरती पालती है। इसलिये उसे "भारत माता" कहते हैं। इसका सम्बन्ध किसी धर्म से नहीं है, यह तो मात्र विचार धारा है। लक्ष्मीजी के बाद चन्द्रमा निकला जो आकाश में जाकर अपनी बड़ी बहन के चारो ओर घूम कर उसकी निगरानी करता है। इस तरह वह भाई का धर्म निभा रहा है। इस नाते चन्द्रमा हमारा "मामा" बन गया।

पूरे भारत की लोक गाथाओ में चन्द्रमा को स्नेही मामा के रूप में दर्शाया जाता है। जैसेः

"चन्दा मामा दूर के, पुए पकाये बूर के, आप खाये थाली में हमको देंवे प्याली में। प्याली गई टूट, मुन्ना गया रूठ, मुन्ने को मनायेंगे, दूध मलाई खिलायेंगे"।

यह प्रश्न उठना स्वाभाविक है कि "सागर" मंथन की मथनी के लिये किस वस्तु का इस्तेमाल किया गया जो इतनी लम्बी व मज़बूत थी कि लावे (क्षीर) को मथ सके। इस काम के लिये पृथ्वी के केन्द्र पर बने सब से ऊँचे व लम्बे मेरु (मंदार) पर्वत से ग्रेनाइट पत्थर का लम्बा शिलाखंड काटा गया। काम पूरा हो जाने के बाद इसको धरती पर लिटा दिया गया। इसके अवशेषों की मौजूदगी का श्रेय कई स्थान लेते हैं। बिहार राज्य के भागलपुर ज़िले में मन्दराचल पर्वत मथनी का लिटाया हुआ रूप है। भगवान कृष्ण की बसाई हुई (अब जलमग्न) व्दारकापुरी में भी इसको बताया जाता है। अन्तर-राष्ट्रीय स्तर पर एफ्रीका के तन्ज़ानिया देश में माउन्ट मेरु (प्रसिद्ध किलिमन्जारो पर्वत के निकट) ज्वालामुखी पर्वत को यह गौरव प्राप्त है; 8,000 वर्ष पूर्व हुये उद्‌गार में इसका अधिकांश भाग टूट गया। इसी तरह जावा (इन्डोनेशिया) में भी मेरु पर्वत है।

अध्याय 6

खगोलिक पिण्डो का पृथ्वी/धरती पर आक्रमण

पिछले अध्याय में बताई हुई अति तप्त लावा भरी पृथ्वी से खगोलिक पिण्ड के टकराव की घटना एक मात्र अकेली नहीं है। भौमिकी युगों पहले पृथ्वी/धरती पर इस प्रकार के अन्य टकराव हुये हैं। अब इतने बड़े टकराव तो नहीं होते। मगर छोटे-मोटे तो यदा कदा होते रहते हैं। इस पुस्तक में बड़े टकरावों में से केवल कुछ की चर्चा की जायेगी।

लोनार (महाष्ट्र) में खगोलिक पिण्ड का टकराना

एक बड़ा टकराव भारत में लोनार (महाराष्ट्र) में 50-60,000 वर्ष पहले हुआ था। विशेषज्ञो को इसके भौमिकी साक्ष्य मिले हैं। इस टकराव के भीषण धक्के से बहुत गहरा और बड़ा गड्ढ़ा (मांद) बन गया जो अब भी देखा जा सकता है। मांद उस गड्ढ़े को कहते हैं जिसको कुछ जानवर - जैसे भेड़िया, लकड़बघ्घा आदि - अपने छिपने के लिये धरती के अन्दर बनाते हैं, ठीक उसी तरह जैसे चूहा धरती को खोद कर अपना बिल बनाता है।

खगोलिक पिण्ड सुदूर आकाश से तेज़ वेग से धरती की ओर आता है और उस से टकराता है। जब तक पिण्ड आकाश में रहता है तब तक उसके स्वरूप में कोई परिवर्तन नहीं होता। पर जैसे ही वायुमण्डल में घुसता है तो वायु से रगड़ लगने पर गरम

होते होते अन्ततः अंगारे की भाँति दहकने लगता है। छोटे पिण्ड तो वायुमण्डल में ही पूरी तरह भस्म हो जाते हैं। इनको पृथ्वी पर गिरते समय आकाश में झिलमिलाती लकीर के रूप में देखा जा सकता है। मगर जब दहकता हुआ पिण्ड धरती से टकराता है तो निकटवर्ती जंगलो में आग लग जाती है और आसपास के क्षेत्रों मे जन-माल की भारी तबाही होती है।

जो खगोलिक पिण्ड महाराष्ट्र में लोनार नामक स्थान से टकराया और धरती के अन्दर घुसता चला गया, उसकी भिड़न्त से जो माँद बनी वह "लोनार क्रेटर" कहलाती है। खगोलिक पिण्ड के टकराने की बात तो भौमिकी शास्त्र के विशेषज्ञ करते हैं।

लेखक बता चुका है कि प्राकृतिक घटनाओं/आपदाओं को जन साधारण तक पहुँचाने के लिये प्राचीन काल के ज्ञानी मनुष्य कथाओ का सहारा लेते थे। लोनार की घटना के लिये हमें बताया गया कि मांद में लोनासुर नाम का आतंकी दैत्य रहता था। पर उसका ठिकाना किसी को नहीं मालुम था। वह समय-समय पर माँद से चुपचाप निकल कर भयंकर उत्पाद मचाता था। उसके आतंक से निजात पाने के लिये मनुष्यों ने भगवान विष्णु से याचना करी। याचना स्वीकार कर के, उन्होने युवक दैत्यसूदन का रूप धारण किया।

दैत्य के छिपने का ठिकाना केवल उसकी दो बहनो को ही मालुम था। इसलिये भगवान ने दैत्य की दोनो बहनो को पहले अपने मोहपाश में बांधा। फिर उनसे लोनासुर के छिपने की जगह पूछी। बहनो ने अपने प्रेमी युवक को लोनासुर की भूमि के अन्दर छुपने की जगह दिखाई यानी बड़े क्षुद्र-तारे की भिड़ंत से बनी मांद का रास्ता दिखाया। मांद में घुस कर दैत्यसूदन ने लोनासुर को मार डाला। लोनासुर के ख़ून ने नमकीन पानी का रूप ले लिया है। ख़ून का स्वाद नमकीन माना जाता है। इस मांद में नमकीन पानी की झील है।

मांद में किसी समय मीठे पानी की दो धाराये घुसती थीं जो दोनो बहनो का प्रतिरूप मानी जाती थीं। मगर अब यह धाराये सूख गई हैं। असल में 'लोन" नमक को ही कहते हैं। इससे यह बात ज़ाहिर होती है कि यह कथा घटना के हज़ारो साल बाद गठी गई थी।

वाल्मिकी रामायण में लवणासुर का वध का ज़िक्र

वाल्मिकी रामायण में लोनासुर का ज़िक्र है। वनवास के उपरान्त जब श्री राम राज्य कर रहे थे, तब लवणासुर के अत्याचारो से परेशान ऋषी राम दरबार मे उपस्थित हो कर लवणासुर से छुटकारा दिलाने की गुहार लगाई। श्री राम ने अपने अनुज शत्रुघन को लवणासुर का वध करने की हिदायत दी। शत्रुघन ने उसका वध कर, वहाँ राज्य भी किया।

भौमिकी विशारदों का कहना है कि जिस पिण्ड के टकराने से लोनार झील बनी वह कम से कम 50,000 वर्ष पहले की घटना है।

ऐसी माँदे धरती पर जगह-जगह छिटकी पड़ी हैं। पानी से भर जाने पर माँदे झीलो के रूप में पानी के धाम हैं - अधिकतर मीठे पानी की हैं। पर कुछ नमकीन पानी की भी हैं।

राजस्थान में बारन जनपद में खगोलिक पिण्ड

भौमिकी विशेषज्ञों का कहना है कि लोनार के खगोलक पिण्ड के टकराव से पहले गहरे अतीत में राजस्थान के बारन जनपद में एक बड़ा खगोलिक पिण्ड टकराया था। इस से बनी "माँद" या गड्ढे को रामगढ़ क्रेटर नाम दिया गया है। इसका व्यास चार किलोमीटर है। यह चारो ओर से गोलाकार पहाड़ियों से घिरा हुआ है। इसको विश्व के सबसे पुराने उल्कापिंड क्रेटर होने का गौरव प्राप्त है। इसमें अब मीठे पानी की झील है।

बारन के गड्ढे में ऐसे चट्टानी टुकड़े मिले हैं जिनका घनत्व धरती की चट्टानो से कहीं अधिक है। यह तथ्य दर्शाता है कि यह पत्थरी टुकड़े पृथ्वी के अपने नहीं है वरन् “बाहर” से आये हैं। उनकी बनावट में निकल और लोहे का अंश बहुत अधिक है।

टकराव से बनती स्थालाकृति

खगोलिक पिण्डों के टकराव से बनी स्थलाकृति का अध्ययन करने वाले भौमिकी वैज्ञानिक कहते हैं कि टकराव के स्थान के चारो ओर पहाड़ियाँ बन जाती हैं। इस प्रकार की पहाड़ियाँ बनाने का तरीक़ा स्पष्ट समझने के लिये मुलायम गूंथे हुये आटे पर काँच की गोली (कंचा) को गुलेल से दागिये। जिस स्थान पर कंचा आटे को भेदते हुये उसके अन्दर घुसता है, उसके चारो ओर के आटे में उभार आ जाता है।

समुद्र में क्षुद्र-ग्रह

क्षुद्र-ग्रह समुद्र में भी गिरते हैं। वैज्ञानिको का कहना है कि मुम्बई के निकट अरब सागर मे 65X106 वर्ष पूर्व एक 40 कि.मी. व्यास वाला क्षुद्र-ग्रह टकराया था। इस टकराव से 500 कि.मी. व्यास की मांद बनी जो अब 'शिव क्रेटर' या मांद के नाम से जानी जाती है। लगभग इसी समय, सुदूर मेक्सिको खाड़ी में भी क्षुद्र-ग्रह गिरा था। दोनो घटनाओ ने मिल कर बहुत तबाही मचाई थी। धरातल से अनेकों जीव-जन्तु सदा के लिये मिट गये। इन के साथ डाइनोसॉर नाम का विशाल जानवर भी सदा के लिये मिट गया।

गुजरात में अहमदाबाद के निकट डाइनोसॉर और उसके अंडों के जीवाश्म (फॉसिल) को एक स्थान पर इकट्ठा कर के एक पार्क बनाया गया है। यह स्थान उनका प्राकृतिक प्रजनन क्षेत्र नहीं है।

यू.एस.ए की अन्तरिक्ष रीसर्च प्रयोगशाला के अनुसार दिस्मबर 2018 में रूस के बेरिंग सी के वायुमण्डल में एक क्षुद्र-उल्का पिण्ड का विस्फोट हुआ। अगर यह विस्फोट धरती पर होता तो चारो ओर ऐसी त्राही मच जाती मानो धरती पर अणु-बम्बों से हमला हुआ है। इससे मात्र 6 वर्ष पूर्व ही रूस के आकाश मण्डल में इससे भी बड़े क्षुद्र तारे का विस्फोट हुआ था।

अध्याय 7

भारत देश का गठन

भगवान की भारत भूमि से अपेक्षाएं

सब ने यह कहावत ज़रूर सुनी होगी - "भानुमती ने कुनबा जोड़ा, कहीं की ईंट, कहीं का रोड़ा"। भानुमती जादूगर पिता की जादूगरनी पुत्री थी। वह जादू के बल पर उस से मांगी हुई हर वस्तु उपलब्ध करा देती थी। इसमें यदि "भानुमती" को श्री विष्णु भगवान के रूप में देखा जाय, तो यह कहावत भारत भूमि के गठन करने में पूरी तरह से चरितार्थ होती है।

विष्णु भगवान को पृथ्वी पर ऐसी भूमि की तलाश थी जिस पर उनका प्रतिरूप - मनुष्य - पनप सके। उसके लिये वे ऐसे स्थान की खोज में थे जहाँ:

- मीठा पानी सुलभता से वर्ष भर मिलता रहे; यह जब ही सम्भव है जब प्रदेश समुद्र से घिरा हो ताकि समुद्र से उठी वाष्प से बने घने बादल उस पर पर्याप्त मात्रा में वर्षा करें।
- समुद्र भी उसके दक्षिण भाग में हो क्योकि पृथ्वी के अपनी धुरी पर चक्कर लगाने से हवाओं के धारा के रूप में बहने के दिशा दक्षिण-पूर्व होती है।
- उत्तर में वह भूमि ऊँचे पहाड़ो से घिरी हुई हो ताकि समुद्र से आती हुई पानी भरी हवाओं (बादल) को आगे

बढ़ने से रोका जाय ताकि उस भूमि पर प्रचुर मात्रा में वर्षा हो।

* जिसकी चट्टाने और मिट्टी ऐसी हो जिनमें वर्षा का मीठा पानी भरा जा सके;
* जिस पर खेती कर के अन्न व अन्य भोज्य पदार्थो के उत्पादन के लिये उर्वरक मिट्टी से बने समतल मैदान हों और गऊऐं पाली जा सके और
* जहाँ जलवायु समशीतोष्ण हो यानी न बहुत गरम और न ही बहुत ठंडी।

पान्गिया में उचित भूमि की तलाश

उस समय धरती केवल पान्गिया महा-महाव्दीप पर ही उपलब्द्ध थी। जब उन्होने उसकी ओर ताका तो उन्हे गोंडवाना लैण्ड और यूरेशिया नज़र आये। इन दोनो विशाल भू-खण्डो पर उनके मानदन्डो पर खरा उतरने वाला कोई स्थान नहीं मिला। केवल गोंडवाना-लैण्ड के दक्षिणी गोलार्थ की चट्टानो का एक तिकोना पठार नज़र आया जिसकी चट्टाने दरारो से भरपूर थीं। दरारे आपस में जुड़ी होने के कारण वर्षा के पानी से भरी जा सकती थीं। पर वर्षा की सम्भावना बहुत कम थी।

उन्होंने देखा कि तिकोने पठार के उत्तर में उत्तरी गोलार्थ में एक बहुत बड़ा गरम और बालू भरा रेगिस्तान है। यह “सहारा रेगिस्तान” के नाम से जाना जाता है। सहारा रेगिस्तान से पूर्व दिशा का रुख़ लिये बालू भरी तेज़, विकराल आँधियाँ चलती रहती हैं। इन आँधियो की मदद से सहारा अपना विस्तार पूर्व दिशा की ओर करने का दृढ़बद्ध है और अरब प्रायव्दीप को उसने अपनी गिरफ्फ़त में कस लिया है।

भारत बनाने के लिये गोन्डवाना लैण्ड का एक छोटा हिस्सा तोड़ा

इसलिये भगवान विष्णु ने एकदम नये सिरे से भारत भूमि का निर्माण करने का फ़ैसला करा। इसको बनाने की "ईंटो" के लिये उन्होने गोंडवाना लैण्ड का तिकोना पठार चुना। विद्रोही भौमिकी हलचल व प्राकृतिक बलो की मदद से इसको उन्होने मुख्य गोंडवानालैण्ड से तोड़ा। इस तोड़े हुये हिस्से से पूर्वी एफ्रीका मडागास्कर जुड़ा हुआ था। वह भी तिकोने पठार के साथ टूट गया। वह इसको उत्तर की ओर पलायन करने से रोकता था। कुछ काल बाद दूसरी वीभत्स्व भौमिकी हलचल से मडागास्कर की पकड़ से तिकोना पठार छूट गया। उसने स्वतंत्र रूप से उत्तरी गोलार्थ में यूरेशिया महाव्दीप की ओर पलायन शुरू कर दिया। मडागास्कर वहीं का वहीं रह गया मानो वह तैरते जहाज़ (वर्तमान दक्षिणी पठार) का लंगर था।

दक्षिणी गोलार्थ से तिकोने पठार का उत्तरी गोलार्थ की ओर पलायन

पलायन करते समय इस टूटे पठारी खण्ड की पूर्वी सीमा पर पहाड़ बन चुका था। वर्तमान स्थिति पर पहुँचने पर यह पहाड़ हमारे पूर्वी घाट्स है। यहाँ तक पहुँचने में इसे करोड़ो-करोड़ वर्ष लग गये।

तिकोने पठार का आधार पटल (क्रस्ट) अन्दर के लावा पर "तैर" रहा था। इसे दक्षिणी गोलार्थ से उत्तरी गोलार्थ में अपनी वर्तमान स्थिति तक "खेने" का काम भीतर के लावा की भौमिकी हलचले कर रहीं थीं। पलायन कोई साधारण घटना नही थी। इस उथल पुथल से अपने वर्तमान स्थान तक पहुँचते तक इसकी चट्टानो में नई दरारे पड़ती गईं। इस गतिविधि से दरारें आपस में जुड़ती जाती थीं। साथ ही इसका पठारी वक्ष भी सपाट चट्टानी

नहीं रहा। नतीजा यह हुआ कि यह विस्तृत पठार अनेको छोटे उप-पठारों में बंटता गया। यह हिस्सा भारत की अब हृदय-स्थाली "डैकन" प्लेटु अथवा दक्षिण पठार कहलाता है।

उप-पठारों की वादियें उनको एक दूसरे से अलग करती हैं। इन वादियो के रास्ते ही वर्षा का पानी घुमावदार नदियों के रूप में बंगाल की खाड़ी तक पहुँच सकता था, क्योंकि पठार की कुल ढलान पश्चिम से पूर्व दिशा की ओर थी। इस कथन की पुष्टी करने के लिये गोदावरी, कृष्णा, कावेरी आदि नदियो के बहाव को ध्यान पूर्वक देखने से पता चलेगा कि उनमे में घुमावदार मोड़ो की भरमार है। ऐसे मोड़ उत्तर भारत की नदियो में नहीं है। उत्तर की नदियाँ उस समय तक अस्तित्व में ही नहीं थीं। इनका अस्तित्व तो हिमालय पर्वत के बनने के बाद ही हुआ।

पलायन का असर वर्तमान पूर्वी घाट्स की बनावट पर पड़ा। जिसके कारण वे घिसे-पिटे लगते हैं। भौमिकी विशारद पूर्वी घाट्स को पर्वत नहीं मानते। उनके अनुसार यह अपने अतीत में कभी पर्वत रहे होंगे किन्तु अब तो यह उनका अवशेष ही है। क़द में छोटे और घिसा-पिटा होने पर भी इसका महत्व अन्य किसी पहाड़ से कम नहीं है। यह कई तरह से दक्षिण-पूर्व दिशा से आते पानी भरे मानसूनी बादलो को भारत को भारतीय वायुमंडल में रोक कर उनको यहीं बरस जाने को मज़बूर करते हैं। यदि पूर्वी घाट्स नहीं होते तो वायु बादलो को ढ़केल कर आगे ले जाती। इससे हमारे देश का एक बड़े भाग में वर्षा बहुत कम होती। दूसरे, यह पश्चिमी घाट्स से निकली नदियों को सीधे बह कर बंगाल की खाड़ी में मुहाना बनाने से रोकते हैं। नदियाँ इसकी लम्बान मे टूट खोजने के लिये पठार की वादियों में भटकती फिरती हैं। भटकने से वे पठार के भूमिजल भण्डारो में (यानी उनकी दरारों) पानी भरती जाती हैं। मगर हमारी औद्योगिक हरकतें लौह अयस्क के खनन के रूप में इसके अस्तित्व को मिटा देने में लगी हुई हैं।

नदियों पर अब बड़े-बड़े बाँध बन जाने से भूमिजल भंडारो को भरने की यह प्राकृतिक व्यवस्था चरमरा गई है। बाँधो को भरने के लिये नदियों से इतना अधिक पानी निकाल लिया जाता है कि बाँध के आगे नदियों मे इतना पानी भी नहीं बचता कि वह भू-जल भंडारो को भर सके। इसके अतिरिक्त, नदी के बहाव क्षेत्र के गहरे बोर पम्प भी बहुत अधिक पानी निकाल लेते हैं। भूजल भण्डार प्यासे के प्यासे रह जाते हैं। विश्व स्तर के आंकड़े बताते हैं कि पूरे भारत में अन्य सब देशों से अधिक भू-जल निकाला जाता है।

वर्तमान स्थिति पर पहुँचने के बाद "डैकन" प्लेटु अथवा दक्षिण पठार का आगे पलायन रुक गया क्योंकि उसके पटल (क्रस्ट) ने विशाल यूरोशियन प्लेट से टकराना शुरु कर दिया। यह बड़ी प्लेट रावण की सभा में अंगद के पैर समान अडिग थी।

दक्षिणी पठार का उत्तर की ओर पलायन कैसे रुका

युरेशिया महाव्दीप और दक्षिण पठार के बीच समुद्र था, जिसको आधुनिक समय में 'टीथाई" समुद्र का नाम दिया गया। टीथाई समुद्र के तल का पटल दो भिन्न प्लेटें विशाल यूरेशिया का पटल (क्रस्ट) और उसकी अपेक्षा में बहुत छोटी भारतीय उपक्रस्ट मिल कर बनाती थीं। इन दोनो के टकराव से हिमालय श्रेणियों का निर्माण हुआ। हिमालय पर्वत श्रेणियाँ मीठे पानी के असीमित भण्डार हैं। स्पष्ट है कि भू-खण्डो के क्रस्ट उनके ऊपरी क्षेत्रफल से कहीं अधिक बड़े होते हैं। हम बता चुके हैं कि प्रारम्भिक महाव्दीपीय और समुद्री पपड़ीयों (क्रस्ट) से पूरा गरम गोला ढक गया था। मगर महाव्दीपो का धरातली क्षेत्रफल समुद्रों के क्षेत्रफल का लगभग आधा है। यानी धरती पर जितना महाव्दीप दीखता है, उसकी क्रस्ट का फैलाव उससे बहुत अधिक है।

यह कौतुहल का विषय है कि आज से लगभग ढ़ाइ हज़ार वर्ष पहले लिखी गई वाल्मिकी रामायण में पर्वतो की बनावट के बारे में ज़िक्र है। उसमें इस बात की झलक मिलती है कि पर्वतो का आधार (नींव) धरती के भीतर विशाल घेरे में फैली हुई चट्टाने बनाती हैं। यह लिखा हुआ मिलता है कि विन्ध्याचल पर्वत जितना धरती के ऊपर उठा हुआ है, लगभग उतना ही धरती के नीचे भी धंसा हुआ है। धरती के भीतर पर्वतों की आधार शैलों के फैलाव या विस्तार की पुष्टी वैज्ञानिक अपने गूढ़ अध्ययन से करते हैं।

विन्ध्याचल पर्वत कैसे बना

दक्षिणी पठार का विन्ध्याचल पर्वत पूर्वी घाट्स बनने के बाद बना। यानी यह गोंडवाना लैंण्ड पर नही बना था। इसकी चट्टाने गोंडवाना लैण्ड की चट्टानो से किसी तरह का मेल नहीं खाती। इस तथ्य की पुष्टी पूर्वी घाट्स और विन्ध्याचल पर्वतों की चट्टानो मे फ़र्क होने से की जाती है। पूर्वी घाट्स की चट्टाने प्रारम्भिक (आग्नेय) चट्टानो से बनी हैं पर आग्नेय चट्टानो पर अनेको बार नया लावा जमा होने से और प्रारम्भिक चट्टानो का चरित्र बदल गया। इस प्रक्रिया में उनका भौतिक चरित्र तो बदलता ही है पर उनका रासायनिक विश्लेषण भी बदल सकता है। पर चट्टानों के दरारे यथावत बनी रहती हैं।

विन्ध्याचल की चट्टाने एकदम दूसरे तरह की हैं जिनको भौमिकी शास्त्र में परतदार चट्टाने कहा जाता है। ऐसी चट्टाने ज्वालामुखी के उद्गार से बनी आग्नेय और कायान्तरिक चट्टानो के प्राकृतिक 'बलो' कट जाने से बनती हैं। परतदार चट्टानो को बनाने में प्रकृती की तीन भौतिक क्रियाये काम करती हैं:

* प्राकृतिक कारणो से धरातल की आग्नेय और कायान्तरित चट्टाने टूट-फूट कर बड़े-बड़े टुकड़ो का रूप लेती हैं। फिर

सूर्य की गर्मी, वर्षा, पाला आदि के प्रभाव से यह टुकड़े अपने चूर्ण में बदल जाते हैं।

* धरातल पर तेज़ वेग से बहता वर्षा पानी इनको अपने साथ बहा कर समुद्र में डालता है जहाँ वे उसके तल में बैठ जाते हैं।
* कालान्तर में यह जमाव स्वयं अपने भार से और पृथ्वी के अन्दरूनी ताप में प्रभाव ठोस चट्टान का रूप ले लेता है। ऐसी चट्टानो को अवसादी चट्टान कहा जाता है। इनको परतदार चट्टान भी कहते है। परतदार चट्टानो की तहें ठीक उसी तरह की होती हैं जैसे मावा-चॉकलेट बर्फी में तहें होती हैं। तहें अलग-अलग भौमिकी समयो पर बनी होती हैं। इनका रासायनिक चरित्र भी एक दूसरे से अलग होता है।

विन्ध्याचल पर्वत श्रेणीयाँ गत भौमिकी काल में विश्व की सब से ऊँची श्रेणियाँ थीं। पर उस समय हिमालय का उत्थान ही नहीं शुरु हुआ था। यह प्रश्न उठना स्वभाविक है कि परतदार विन्ध्याचल पर्वत बनाने वाला चट्टानी कचरा आया कहाँ से? इसको समझाने के लिये हमे पृथ्वी के लावा के गोले पर बनी परत या क्रस्ट की बनावट के कुछ पहलुओं का महत्व या प्रकृती को उनके बनाने के अभिप्राय को समझना होगा।

परत (क्रस्ट) लहर दार होती है यानी उस पर सिलवटे पड़ी होती हैं। ऊपर की ओर उठी हुई सिलवट यह कहती है कि यदि भीतर के लावा की हलचल उसे धक्का मारे तो वह ऊपर उठने से नहीं चूकेगी। इस तरह यह पर्वत बनाने वाला भ्रूण है। कुछ तो सफलतापूर्वक पर्वत बन जाते हैं; अन्य अपने शैशव काल में लावा में मचती हलचलों से टूटते रहते थे। पर इनकी टूटी हुई शैलों का मलवा वहीं रह जाता था। अन्तःत इसी मलवे से विन्ध्याचल पर्वत की परतदार चट्टाने बनी।

पश्चिमी घाट्स का बनना

विन्ध्याचल पर्वत बनने के बाद कालान्तर में तिकोने पठार पर एक और उग्र हलचल मची। इस हलचल से उसकी उत्तर से दक्षिण दिशा में फैली लम्बान कगार की भाँति अरब सागर को पीठ दिखाती हुई खड़ी हो गई। इस कगार को पश्चिमी घाट्स या सह्याद्री पर्वत कहा जाता है। साथ ही शेष पठार की कुल ढ़लान पश्चिम से पूर्व दिशा की ओर हो गई। विन्ध्याचल दक्षिणी पठार की उत्तरी सीमा है और सह्याद्रिरी पर्वत पठार की पश्चिमी सीमा है। अरब सागर से इसका फ़ासला केवल 30 से 100 किलोमीटर की परास में बदलता रहता है। इसके दर्रों में सब से मुख्य दर्रा पालघाट का है जिसके व्दारा मानसून कर्नाटक में प्रवेश करता है। इस तरह तीन पहाड़ - पूर्वी घाट्स, विन्ध्याचल पर्वत और पश्चिमि घाट्स (सह्याद्रिरी पर्वत), दक्षिणी पठार की सीमायें बनाते हैं। इन तीनों की रचना अलग-अलग भौमिकी तरीक़ो से हुई है।

सम्भवता जिस भौमिकी हलचल से दक्षिण पठार की कुल ढलान की दिशा बदल गई, उसी से या वैसी ही विध्वन्सकारी दूसरी हलचल से विन्ध्याचल के शिखर भी टूट गये। विन्ध्याचल पर्वत अपने समय में विश्व का सब से ऊँचा पर्वत था। इसका उसको अभिमान था। पर उसका अभिमान उस समय टूट गया जब हिमालय पर्वत श्रेणियाँ विन्ध्याचल से ऊपर उठने लगीं। विन्ध्याचल की टूट से आकाश मण्डल में गहरी धूल छा गई - इतनी गहरी कि सूर्य का प्रकाश भी उसको भेद नहीं पाया। इसलिये धरती पर घोर अन्धेरा छा गया। मानो सूर्य अपने मार्ग से भटक गया है। धूल के धरातल पर अच्छी तरह बैठ जाने के बाद ही धरती पर सूर्य का प्रकाश आ पाया। आकाश में लगातार छाई धूल का असर धरती के मौसम, वर्षा और जलवायु पर पड़ता है। भौमिकी सत्य यह है कि विन्ध्याचल पर्वत किसी

विनाशकारी भौमिकी हलचल का शिकार हो गया था। फलस्वरूप धराशायी हो गया था।

भारतीय संस्कृती की अनोखी बात है कि वह पहाड़ो, नदियों आदि को मनुष्य का जामा पहना देती है। इस जामे के रूप में उनका चरित्र बताती गाथाये रची जाती थीं। साधारण मनुष्य तक अपनी पहुँच बनाने के लिये गाथाओं में भौमिकी घटनाओ को भी लपेट लिया जाता है। विन्ध्याचल के धराशाई होने की अवस्था को भी ऐसी कहानी का रूप दिया गया।

भौमिकी हरकतो से विन्ध्याचल पर्वत टूटा - पौणानिक कथा

कहानियों की एक विशेषता यह है कि पर्वत आदि को मनुष्य का जामा पहना दिया जाता है। आकाश में उड़ कर भी जा सकते थे। विन्ध्याचल के टूटने की कहानी के रूप में कहा गया कि हिमालय को अपने से ऊँचा उठते देख उस के मन में बहुत ईर्षा हुई। विन्ध्याचल ने भगवान से कहा कि वे हमालय पर्वत का उठना रोक दें, नहीं तो वह सूर्य का मार्ग रोक कर धरती पर तबाही मचा देगा। हिमालय पर्वत को तो प्राकृतिक बल ही ऊपर उठा रहे थे। अन्य प्राकृतिक भौमिकी घटना ने विन्ध्याचल को धराशाई कर दिया। उसके शिखरों का स्वतः विध्वन्स हो गया। फलस्वरूप वे धराशाई तो हो ही गये और आकाश में इतनी गहरी धूल छा गई जिनको भेद कर सूर्य किरणो धरती को प्रकाशमान भी नहीं कर पा रहीं थीं। लगता था कि वास्तव में विन्धाचल ने सूर्य का चलना रोक दिया है।

धरती पर हा हा कार मच गया। सब देवगण मिल कर काशी में तपस्या कर रहे ऋषी-श्रेष्ठ अगस्त्यजी के पास गये। देवगणों को मालुम था कि विन्ध्याचल अगस्त्यजी का शिष्य है। उन्होने अगस्त्यजी से अनुनय-विनय करी कि वे विन्ध्याचल

को आज्ञा दें कि वह सूर्य को अपने नियमित पथ पर चलने दे। वे जानते थे कि वह अपने गुरु को इनकार नही कर सकता। जब अगस्त्यजी विन्ध्याचल पहुँचे तो वह उनको प्रणाम करने के लिये झुक गया। ऋषी-श्रेष्ठ ने उसको बताया कि वे अति आवश्यक कार्य से दक्षिण की ओर जा रहे हैं। उन्होंने उसे आदेश दिया कि वह इसी तरह से लेटा रहे ताकि उन्हे लौटते समय ज़रा भी विलम्ब न हो क्योंकि उन्हे शीघ्र से शीघ्र काशी वापिस पहुँचना है। ऋषी-श्रेष्ठ लौटे ही नहीं। उन्होने सह्याद्रिरी पर्वत पर ही अपना स्थाई निवास बना लिया। आकाश की धूल भी बैठ गई और धरती फिर से प्रकाशमान हो गई।

अरावल्ली पर्वत का उठना

भूत, वर्तमान और भविष्य देख पाने की क्षमता रखने वाले भगवान विष्णु ने देखा कि जिस स्थान पर विशाल उपजाऊ और पानी भरा मैदान बनाने की उनकी योजना थी वह पश्चिम में सहारा मरुस्थल की ओर से आने वाली बालू भरी आँधियो के ठीक सामने पड़ता है। भारत के उपजाउ मैदान पर सहारा का आक्रमण या हमला रोकने के लिये धूल भरी हवाओ को रोकना ज़रुरी था। इसलिये उन्होने अरावल्ली पहाड़ की शक्ल में बाधा खड़ी करने का निश्चय किया।

उत्तर की ओर पलायन करते हुये दक्षिणी पठार की आधार-प्लेट ने विशाल यूरेशियन प्लेट से टकराना शुरु कर दिया था। इस टकराव से अरावल्ली पर्वत बनना शुरु हुआ। टैक्टोनिक प्लेट्स के टकराव से ही पर्वत एन्डीज़ पर्वत बना। ऐसे ही टकराव से अरवल्ली पर्वत बना। मगर इनकी चट्टाने भौमिकी स्तर पर अलग-अलग तरह की हैं। एन्डीज़ पर्वत की चट्टाने धरती पर बनी आग्नेय चट्टानो का कायान्तरित स्वरूप हैं पर अरावल्ली की चट्टाने तहदार सेडीमेंटरी चट्टाने हैं वर्षा पानी को जमा रखने के लिये अच्छे धाम बनते हैं।

मगर भगवान विष्णु यह नहीं चाहते थे कि यह हिमालय समान ऊँचा हो जाय। वे इसको इतना ऊँचा पहाड़ बनाना चाहते थे कि वह सहारा से आती हुई बालू भरी गरम हवाओं को तो ज़रुर रोक ले मगर मानसूनी हवाओं के पथ में कोई बाधा न डाले। इन्ही हवाओं से राजस्थान और गुजरात के कुछ भागों में वर्षा होती है। अरावल्ली की ऊँचाई सीमित रखने के लिये वे अरावल्ली को बार बार तोड़ देते थे।

अपनी इच्छा को पूरा करने के लिये भगवान ने अपने दो कारिन्दो (महाभूत) - भूमि और अग्नि - को आज्ञा दी कि वे मिल कर उत्तर की ओर पलायन कर रही इन्डियन प्लेट की रफतार तेज़ कर दें। रफ़तार की तेज़ी से धक्के अधिक बलशाली हो गये। बलवान धक्के खाने से अरावल्ली अपने शैशव काल में बारबार धराशाई हो जाता था। गिरने से उसकी चट्टानें के टुकड़े-टुकड़े हो जाते थे। वे उसी स्थान पर जमा होते जाते थे। भौमिकी स्तर पर समय में इन चट्टानी पत्थर के मलवे और टुकड़ो ने मिल कर अवसादी (परतदार) चट्टानो का रूप ले लिया। धक्को को झेलने से अवसादी चट्टाने मुड़-तुड़ जाती थीं। फलस्वरुप यह दरारों से भर-पूर हैं। अवसादी चट्टानो ने ऊपर की ओर उठते हुये अन्तःत अरावल्ली पर्वत का रूप ले लिया। वर्षा का पानी इन दरारो में भारी मात्रा में भर जाता है। इनका पानी राजस्थान की अनेकों झीलों को भरता है।

अरावल्ली श्रेणियों के नष्ट होने से राजस्थान की अनेको झीले सूख जायेंगी। अरावल्ली क्षेत्र के भू-जल भण्डार भी सदा के लिये मिट जायेंगे। पश्चिमी भारत में अरावल्ली के पत्थरों का खनन बेशर्मी से किया जा रहा है। इनके खनन से धरातल पर बहने वाली नदियों में पानी की मात्रा लगातार कम होने लगी। कई तो सूखने की कगार पर आगईं। पानी की माँग पूरी करने के लिये समाज बोर कुओं पर निर्भर होते गये। फलस्वरुप अब भू-जल स्तर बहुत नीचे चला गया है।

असामाजिक लालची माफिया की नज़रे इसके पत्थरो पर रहती है। अभी तक निर्वाचित सरकारे पत्थर के खनन को रोकने में असफल रही हैं। इनके बचाव के लिये समाज को ही दूसरा "चिपको आन्दोलन" शुरु करना होगा। चिपको आन्दोलन वर्ष 1974 के मार्च महीने में गढ़वाल (हिमालय) में वृक्षों को काटे जाने से रोकने के लिये सुन्दर लाल बहुगुणा ने शुरु किया था। इसमें ग्रामीण जन वृक्षो के चारे ओर चिपट के खड़े हो जाते थे ताकि वृक्ष काटा न जा सके। यह आन्दोलन पूरी तरह से सफल हुआ था।

गोवर्धन पर्वत

भयंकर भूकम्पों के झटको से अरावल्ली पर्वत के शिखर तो ध्वस्त होते रहते थे मगर उसके आधार पर कोई प्रभाव नहीं पड़ता था। आधार का फैलाव बढ़ता गया और पूर्व में मथुरा तक फैल गया। मथुरा में इसके उभरे हुये अंश को गोवर्धन पर्वत के रूप में पहचाना जाता है। भौमिकी दृष्टिकोण से गोर्वधन पर्वत अरावल्ली की मुख्य पर्वत श्रेणियो से दूर धरती से बाहर निकला हुआ हिस्सा है। इस हिस्से को समीप मे बहती यमुना की धार ने भू-क्षरण या कटाव का शिकार भी बनाया जिसके कारण यह घिसा-पिटा नज़र आता है। इसके ऊपर के अनेको वृक्षो को काटा जा चुका है। समय की माँग है कि गोवर्धन को उसका पुराना गौरव लौटाया जाय।

गोवर्धन पर्वत की पौणानिक गाथा

पौणानिक कथाओं के अनुसार भगवान कृष्ण का स्थाई निवास "गोलोक" में है। उनके धाम में यमुना नदी और गोवर्धन पर्वत का भी निवास है। जब भगवान कृष्ण ने मथुरा में अवतार रूप धारण करने का निश्चय किया तो यमुना ने सूर्य-पुत्री के रूप

में हिमालय पर्वत पर यमुनोत्री नामक स्थान को अपना उदगम स्थान बनाया और मथुरा के रास्ते बहते हुये, प्रयाग में गंगाजी से अपना संगम बनाया। गोवर्धन पर्वत ने शाल्मली व्दीप पर द्रोणाचल पर्वत के पुत्र के रूप में जन्म लिया।

उसी समय सप्तऋषियो में से एक, पुलस्त्य ऋषी काशी में गंगा तट पर तपस्या कर रहे थे। उन्होने सोचा क्यों न स्थान को रमणीक बनाने के लिये वहाँ पर छोटा पर्वत खड़ा करवाया जाय। वे शाल्मली व्दीप पर द्रोणाचल के पास पहुँचे और उनसे विनय करी कि वह अपने पुत्र गोवर्धन को उनके साथ काशी जाने की आज्ञा दे। वह पुलस्त्य ऋषी को मना भी नहीं कर सकता था। पुत्र को अपने से जुदा करने के लिये एक शर्त भी लगा दी कि वे उसे हवाई मार्ग से ले जायेंगे और रास्ते में अन्य किसी जगह वह उसे धरती पर नहीं रख कर विश्राम करेंगे। शाल्मली व्दीप से काशी के रास्ते मथुरा/गोकुल पड़ता था। भगवान कृष्ण के दर्शन करने की इच्छा को वे रोक नहीं पाये। उन्होने विन्ध्याचल को धरती पर रख दिया। पर लौटने पर जब उन्होंने उसे उठाने की कोशिष करी तो वह टस से मस नहीं हुआ। विन्ध्याचल को याद आगया कि वह गोलोक से गोकुल आने के लिये ही धरती पर आया है ताकि उसके वक्ष पर कृष्ण गोपियों के साथ रास लीलाये कर सकें। आवेश में आकर ऋषी ने उसे श्राप दे दिया कि वह उसी स्थान पर पड़ा रहते हुये घिसता रहेगा। आधुनिक समय में उनका श्राप फलीभूत हो रहा है क्योंकि उसके वनों का मनुष्य ने सफ़ाया कर दिया है; गउओं के चरागाह भी नष्ट हो गये है। वर्षा का पानी वेग से बहता हुआ मिट्टी को काट कर अपने साथ वहा ले जाता है। इस प्रकार के क्षरण से वास्तव में उसकी ऊँचाई घटती जा रही है; अलबत्ता बहुत धीमी गति से।

अध्याय 8

भारत को पानी-समृद्ध करती हिमालय पर्वत श्रेणियो का बनना

इस विषय की चर्चा करी जा चुकी है कि घोर भौमिकी अतीत में इन्डियन उप-टैक्टॉनिक प्लेट का दक्षिणी गोलार्थ से उत्तरी गोलार्थ की ओर पलायन हुआ था। गोण्डवाना लैण्ड का यह छोटा टुकड़ा अब भारत का 'दक्कन' पठार' है। इसका और अधिक उत्तर की ओर पलायन उस समय रुक गया जब इसकी इन्डियन उप-टैक्टॉनिक प्लेट ने अपने से कहीं अधिक बड़ी यूरेशियन प्लेट आगे बढ़ने के लिये मार्ग माँगा। बड़ी प्लेट को छोटी सी उप-प्लेट की माँग बड़ी नागवार और धृष्टतापूर्ण लगी। वह अपने स्थान पर अड़ी खड़ी रही। परन्तु भू-गर्भ के लावा की तांडवी लहरे उप-प्लेट को बराबर धक्का दिये जा रहीं थीं।

हिमालय पर्वत का श्रीगणेश

अपनी कल्पना की भारत भूमि को साकार करने के लिये भगवान विष्णु ने इन्डियन उप-प्लेट से समझौता किया कि वह बड़ी प्लेट के आगे झुक जाये और स्वयं सिलवटों की तरह मुड़ कर लावे की लहरों के कठोर झटके वहन (सम्भाल) करे। इसके बदले में वे उस पर बनी शैलों की तहों को पर्वत के रूप में इतना ऊँचा उठा देंगे कि वह विश्व का सब से ऊँचा अनेक शिखरो वाला पर्वत बन कर एक नये देश का "मुकुट" कहलायेगा। समुद्र के उत्तर में, और हिमालय के दक्षिण में जिस भू-भाग पर जो

देश बनेगा उस का नाम भारतवर्ष के नाम से जाना जायेगा। इसकी भूमि पर ज्ञान का वर्धन होगा। "भा" शब्द का मतलब "ज्ञान" होता है और "रत" का "खोज में लीन" रहना। इसी भूमि पर महामुनी वेदव्यास, महावीर, गौतम बुद्ध, अशोक, गुरु नानक देव जी महाराज, कबीर, रविदास आदि और स्वयं भगवान ने कई बार अवतार ले कर, अज्ञान और अधर्म को नष्ट करा है। इस भारतवर्ष की वन्दना विष्णु पुराण में करी गई है। कहा गया है कि इस देश में जन्म लेने वाली मनुष्य के रूप में आत्मायें, देवताओं से अधिक भाग्यशाली हैं। (क्योंकि इस देश में विष्णुपदी गंगा व अन्यपावन नदियाँ - नर्मदा, तापी, गोदावरी, कावेरी, शिवपुत्रियाँ यमुना और तापी आदि बहती हैं)।

प्लेटों के टकराव से टीथाई समुद्र का सिकुड़ते सिकुड़ते अन्ततः पट कर मिट जाना

टकराव से पहले इन्डियन उप-प्लेट और युरेशियन प्लेट की दूरी "टीथाई" समुद्र पाटता था। लेखक बता चुका है कि इस समुद्र की तह में अपनी शैशव अवस्था में टूटे हुये पहाड़ो का कचरा तलछटी, अवसादी या तहदार चट्टानो का रूप धारण कर चुका था। तहों की संख्या दो से अधिक थीं। *टिथाइस सागर की यही तहदार चट्टाने लाखो वर्षो में वलित (बल खाती हुई) ऊपर उठने लगी, जैसे धरती पर भागता हुआ साँप अपनी लम्बान में बल खाते हये आगे बढ़ता है। इन्डियन उप-प्लेट के दबाव की वजह से तहदार चट्टानी तहें हिमालय पर्वत के रूप में संसार के सब से विस्तृत और ऊँचे* विशाल और बेमिसाल हिमालय पर्वत श्रेणियों में बदल गईं। इन का उठना अब भी जारी है। यह याद दिला दें कि चट्टानो के मुड़ने से उन में असंख्य मोटी-मोटी, एक दूसरे से जुड़ी हुई, दरारें या ख़ाली जगहें बनी हैं।

इस कथन की पुष्टी कि गहरे अतीत काल में हिमालय बनाने वाली चट्टाने समुद्र में डूबी हुईं थी, भौमिकी विव्दान इसकी तहो में पाये गये समुद्री कीड़ो के जीवाश्मों से करते हैं। इन्डियन उप-प्लेट के यूरेशियन प्लेट के नीचे घुसने से, उस प्लेट का दक्षिणी पठार (तिब्बत) भी हिमालय के साथ-साथ ऊपर उठता गया।

साथ ही साथ टीथाई समुद्र भी धीरे-धीरे सिमटता गया। इसके मिटने में दूसरा बड़ा कारण उसके पानी का वाष्पीकरण था क्योंकि "नये" पानी के आने का कोई रास्ता नहीं था। इस तरह दक्षिणी पठार और हिमालय पर्वत के बीच विशाल गहरी ख़ाली जगह में एक बड़ी नाँद/द्रोणी बन गई। इसको उपजाऊ मैदान बनाने के लिये जलोढ़ (कछारी) मिट्टी से भरना था। ऐसी मिट्टी बनाने वाला "कचरा" भी स्वयं हिमालय पर्वत ने ही बनाया।

"प्लेटों" के टकराव से जो पर्वत बनते हैं उनमें दो या तीन सामान्तर श्रेणीयों बनती हैं। पहली यानी टकराव का सामना करने वाली तह सब से ऊँची होती है और उसके बाद की तहों की ऊंचाई क्रमश घटती जाती हैं। इन्डियन प्लेट के यूरेशियन प्लेट से टकराने से हिमालय पर्वत तीन श्रेणियाँ के रूप में खड़ा हुआ।

हिमालय पर्वत की तीन श्रेणियाँ

भारत की ओर से आख़िरी उत्तरी श्रेणी सब से ऊँची है। पश्चिम से पूर्व तक श्रेणियो की लम्बाई 2400 कि॰मी॰ और चौड़ाई कश्मीर में 400 कि॰मी॰, पर पूर्व में अरुणाचल में केवल 150 कि॰मी॰है। यह तीन श्रेणियाँ निम्न है:-

* सबसे ऊँची हिमाद्री श्रेणी। यह लगभग 6000-8000 मी॰ की ऊँचाई, प्रायः वर्ष-भर बरफ़ और हिम से ढकी रहती है। यह अनेकों हिम-नद को जन्म देती है और वे भारत की अनेक नदियो के स्त्रोत हैं। हिमनद हिमाद्री पर्वत

पर ढलान की ओर पहाड़ी-पृष्ठ को बुरी तरह से खँरोचते हुये घिसट घिसट कर नीचे की ओर उतरते हैं। अपने साथ खरोंच से बने चट्टानी कचरे ले कर चलते हैं क्योंकि बरफ उसको अपने में जकड़े रहती है। जैसे जैसे नीचे उतरते हैं वातावरण का तापक्रम बढ़ता जाता है और बरफ़ पिघलने लगती है। अन्ततः हिमनद जल धाराओ के स्त्रोत बन जाते हैं। ऐसे ही हिमनदो से गंगा, यमुना कोसी आदि नदियों का प्रार्दुभाव हुआ है। इसलिये इनसे जन्मी नदियों में भारी मात्रा में पत्थरी कचरा (बोल्डर, बटिया पेबिल्स और उनका चूरा आदि) भरा होता है।

* 3700 - 4500 मी॰ ऊँचाई की परास में हिमालय श्रेणी है। यह हिमाद्री श्रेणी के दक्षिण में प्रायः उसके समान्तर फैली हुई है। इसकी चौड़ाई लगभग 50 मी॰ है। दोनो श्रेणीयो पर गिरा वर्षा-पानी, यहाँ नदियों में सिमटने लगता है। ढलानो से नीचे की ओर जाते हुये, उसके बहाव में इतनी शक्ति आ जाती है कि वे शैल/चट्टान के काटे हुये या अन्य तरीकों से बने पत्थर व अन्य मलवे को नीचे की ओर ढकेलता हुआ ले जाता है। जैसे जैसे नदी के बहाव की रफ़तार कम होती जाती है, उसकी पत्थरो को धक्का दे कर ढ़ोने की क्षमता भी कम होती जाती है। नदी का पानी पहले चट्टान के बड़े टुकड़ो को फिर उनसे छोटे टुकड़ों को छोड़ता हुआ स्वयं आगे बढ़ता जाता है। फिर से याद दिला दें कि पत्थरो के टुकड़ों के जमाव के बीच खाली जगहें रहती हैं। यानी ऐसा जमाव खोखला होता है।

* इस प्रकार से छोड़े हुये पत्थरों के जमाव से हिमालय श्रेणियों की तीसरी सिलवट शिवालिक श्रेणी बनी। इस

श्रेणी की उँचाई अपेक्षाकृत बहुत कम है- मात्र 100-1100 मी.। पर इसका खोखलापन बहुत अधिक है।

हिमाद्री श्रंखला के उत्तर में तिब्बत की ओर 'पारहिमालय' पर्वतमाला है। भगवान शिव का धाम - कैलाश पर्वत - पारहिमालय का पश्चिमी हिस्सा है। ब्रह्मापुत्र नदी कैलाश पर्वत और हिमाद्री श्रंखलाओ की सन्धी पर बहती है।

लुप्त हुई सरस्वती नदी का हिमालय में उदगम के अवशेष

हिमालय की कुछ दरारों में इतनी अधिक ख़ाली जगह है कि उनमे पूरी की पूरी नदी समा जाती है और पहाड़ी पृष्ठ से अदृष्य हो जाती है। इसका प्रत्यक्ष उदाहरण उत्तराखण्ड के चमोली ज़िले में, बद्रीनाथ के उत्तर में 3,100 मीटर की ऊँचाई पर बसे माणा गाँव में मिलता है। यहाँ एक जल धारा प्रपात के रूप में चट्टानी दरार में घुस कर विलीन हो जाती है। इसे बाहर निकलते नहीं देखा जाता है। ऐसा माना जाता है कि यह वैदिक काल की सरस्वती नदी की अवशेष है। सरस्वती नदी दक्षिण-पश्चिम की दिशा में बह कर अरब सागर में अपना मुहाना बनाती थी। यह नदी भौमिकी कारणों से लुप्त हुई थी।

भाभर पट्टी

पत्थरो के बड़े टुकड़ो को ऊपर छोड़ने के बाद नदियों में छोटे बट्टे और मोटा बालू भरा रहता है। पहाड़ी इलाक़े से नीचे उतरने के बाद नदी का वेग एकाएक कम हो जाता है। इसलिये उसकी "बोझ" ढोने की क्षमता भी कम हो जाती है। वह अपना बोझ 8 - 16 कि.मी चौड़ी पट्टी में छोड़ कर आगे बढ़ती है। इस छुटे हुये "बोझे" से बनी पट्टी भाभर कहलाती है। यह शिवालिक के दक्षिण में उसके प्राःय सामान्तर बनी है।

यह पट्टी इतनी अधिक खोखली होती है कि छोटी नदी धारायें तो पूरी की पूरी इसमे समा जाती हैं। धरती के अन्दर कुछ दूर बहने के बाद यह धाराये फिर से महीन "बोझे" के साथ बाहर निकल कर दूसरी पट्टी बनाती है जिसको को तराई कहते है। यह हमेशा "तर" रहती है। यह भूमिगत पानी का अच्छा स्त्रोत है। कुछ दशक पहले इस में बड़े वृक्षों के घने जंगल थे। इन जंगलों का गत कुछ दशको में पूरी तरह सफ़ाया कर दिया गया है। जंगल कट जाने से पर्यावरण को बहुत नुक़सान पहुँचा है।

भारत को पानी-धन्य करने में हिमालय की भूमिका

भारत को पानी-धन्य करने में हिमालय दो तरह से भूमिका निभाता है। पहला, यह पानी-लदी मानसूनी हवाओ को रोक कर, भारत भूमि पर और अपने वक्ष पर वर्षा-जल गिराने को बाध्य कर देता है। दूसरा, इसकी असंख्य दरारो की ख़ाली जगहों में वर्षा-पानी घुस कर अपनी पैठ बनाता है। आपस में जुड़ी यह दरारे इसके तल यानी इन्डियन उप-प्लेट तक पहुँचती हैं। ऊपर से नीचे तक आपस में जुड़ी दरारों का स्वरूप पाइप या नली के समान होजाता है। इनके माध्यम से हिमालय के वक्ष पर गिरा पानी भूमि के अन्दर के रास्ते दूरस्त स्थानो तक पहुँच जाता है।

पानी समेटने का हिमालय जैसा काम पश्चिमी घाट्स और मध्य भारत का उच्च पठार भी करते हैं। यह भी अनेको नदियो के जन्मदाता हैं। कुछ मुख्य नदियो के नामः हिमालय से सिन्धु, चेनाब, यमुना, गंगा, रामगंगा, कोसी,ब्रह्मपुत्र आदि, पश्चिमी घाट्स से गोदावरी, कृष्णा, कावेरी आदि, मध्य भारत के उच्च पठार से नर्मदा, सोन, दामोदर, स्वर्ण-रेखा, महानदी आदि। जन्म लेने के बाद दरारों के रास्ते एक जगह का वर्षा पानी आसानी से दूसरी सुदूर जगह तक पहुँच जाता है।

गंगा-ब्रह्मापुत्र का जलोढ (एल्यूवियल) मैदान

तेज़ वेग से बहते पानी में पत्थरो को काट देने की अद्भुत क्षमता होती है। लाखों वर्षो से लगातार हिमालय श्रेणियो की वादियों मे तेज़ वेग से बहता पानी पर्वत की चट्टानो का अपरदन या घिसाव कर रहा था। चट्टानो के इस तरह से तराशने से पैदा हुआ चूर्ण मलवा बहते पानी के साथ टिथीइस सागर की नाँद में गिर रहा था। अन्ततः समूचा टीथाई समुद्र को हिमालय पर्वत की चट्टानो के अपरदन या अपक्षरण क्रिया से बने कणो से बनी बारीक मिट्टी से ले कर बालू, और अनेक प्रकार के कंकड़-पत्थरो (ग्रेवल) के छितरे हुए जमाव से भर गया।

जलोढ़ मैदान बनाने मे अपक्षण प्रक्रियाओं के साथ-साथ बहते पानी की कचरा ढ़ोने की वेग के हिसाब से बदलती क्षमता की बुनयादी और आधारभूत भूमिका है। इस प्रकार हिमालय पर्वत से ढ़लान पर बहते पानी ने तीन तरह के पानी-भंडार बनाये - भाभर पट्टी, तराई और जलोढ़ मैदान।

समयान्तर में इस मलबे ने रासायनिक क्रियाओं की मदद से मृदा/मिट्टी का रूप ले लिया जिसे आज हम गंगा-ब्रह्मापुत्र का एल्यूवियल या जलोढ़ मिट्टी का मैदान कहते हैं। मिट्टी बनाने वाली रासायनिक प्रक्रियाओं की चर्चा हम नहीं करेंगे। इस मैदान में मिट्टी की तह 600 मीटर से अधिक हो सकती है। जलोढ़ मिट्टी के कण आपस में चिपके नहीं होते। कणों के बीच की जगहें ख़ाली रहती हैं। इन ख़ाली जगहों में वर्षा का पानी भर जाता है। यह संसार का सब से बड़ा भू-जल भण्डार है।

दक्षिणी पठार की नदियों में कचरा “बोझ” कम क्यों होता है

हिमालय पर्वत के उठने के पहिले से ही टीथाई समुद्र को दक्षिणी पठार से आती हुई नदियों के मलबे ने भरना शुरू कर दिया

था। यह बात अच्छी तरह से समझ लेनी चाहिये कि पठार बन जाने के बाद ही उस पर नदियों ने बहना शुरु किया। इसलिये इनमें कचरे की मात्रा बहुत कम होती थी। इसके विपरीत उठते हुये हिमालय पर्वत को बेह्ते पानी ने काट कर नदियों के रूप में अपना मार्ग बनाया। इसलिये इन नदियों में "कचरे" का बोझ बहुत अधिक होता है।

टीथाई सागर के सूख जाने से जो नाँद बनी थी, उसको उत्तर और दक्षिण से आती नदियों के कचरे ने पाटना शुरु कर दिया। मैदान को बनाने में दक्षिणी नदियो का योगदान, हिमालयी नदियो से अपेक्षाकृत बहुत कम है। इस तरह से समुद्र के पटने के साथ-साथ, उभरते मैदान में पानी-निकास के लिये अनेको नदियें बनती/बिगड़ती गंई।

गंगा- ब्रह्मपुत्र का जलोढ मैदान की सीमायें

गंगा-यमुना-ब्रह्मपुत्र का बनाया हुआ मैदान विश्व का सब से बड़ा एल्युवियल मैदान है। इसकी उत्तरी सीमा पर शिवालिक श्रेणियाँ हैं; पशिचमि पर सुलेमान और किरथर श्रेणियाँ, इसकी दक्षिणी सीमा अलग अलग छोटे पठार या पहाड़ी मैदान बनाते हैं - जैसे अरावली, विन्धाचल और सतपुड़ा पहाड़ियाँ, मालवा और छोटा नागपुर पठार, बुन्देलखण्ड के पहाड़ी मैदान आदि। पूर्वांचल की पहाड़ियाँ इसकी पूर्वी सीमा बनाते हैं।

भारत में इसकी लम्बाई 2,400 कि॰मी॰ के लगभग है, और चौड़ाई 240-500 किमी॰ के परास में बदलती रहती है, पश्चिम में अधिक और पूर्व में कम। सागर तट से इसकी औसत ऊँचाई 200 मी॰ के लगभग है और पश्चिम से पूर्व तक इसकी ढलान बहुत कम होने से नदियाँ भी धीमी गति से बहती है। कम ढ़लान होने के कारण वर्षा-पानी को जलोढ़ मिट्टी की मोटी तह के भूमि-छिद्रो को पानी से भरने का यथेष्ट समय मिल जाता है।

हिमालय पर गिरा पानी कहाँ जाता है?

हिमालय पर्वत की पहाड़ी तहों में दरारों से बनी ख़ाली जगहे इतनी बड़ी हैं कि थोड़े समय की मानसूनी वर्षा का पानी उनमें समा जाता है। जो नहीं समा पाता वह उत्तर भारत की और एशिया की अनेको बारहमासी नदीयों जैसे सिन्धु, सतलुज, गंगा, यमुना, कोसी ब्रह्मपुत्रा, इरावदी, साल्वीन, मेकोंग आदि को सींचता है। वर्षा पानी ने भूमि पर रहने के तीन तरह के धाम बनायेः

* जो भाग हिम के रूप मे इसकी ऐसी ऊँचाइयो पर गिरा, जहाँ तापक्रम अधिकतर शून्य से नीचे रहता था, वह अधिकतर वहीं रुक गया और हिम- नद के रूप में नीचे की ओर खिसकने लगा।
* पहाड़ो पर गिरने वाले पानी का बहुत बड़ा भाग शैल-दरारो में घुस कर आपस में जुड़ी दरारो का अनुसरण कर उनमें बहने लगा तथा स्थान-स्थान पर झरने या सोते के रूप में प्रगट होकर अपनी, भूमि मे भीतर, अस्तित्व उपस्थिति का भान कराता है। और
* शेष भाग अनेक छोटी धाराओ के रास्ते बह कर बड़ी नदी के रूप में अन्ततः मैदानो तक पहुँच जाता है। जैसे-जैसे नदी आगे समुद्र की ओर बढ़ती है, उसके पानी का एक बड़ा भाग भूमि में भी समाता जाता है।

अब तो नदी के मार्ग में, विशेषकर दक्षिणी पठार के नदियों में, पानी के बड़े बड़े बाँध बना कर जमा किया जाने लगा है। जो भाग बचा वह अन्ततः समुद्र मे वापिस चला जाता है।

पानी के दृष्टिकोण से सेन्ट्रल ऐशिया की सब पर्वत श्रेणीयाँ (हिमालय, पामिरस्, कराकोरम, तियन-शान, कुनलुन व हिन्दुकुश) और उनके पहाड़ी मैदान बहुत महत्वपूर्ण है। संसार

के यह सब से ऊँचे पहाड़ हैं जिनकी गोद में अनेको हिम-नद पलते है जिनमे ध्रुवीय क्षेत्र के बाहर सब हिम-नदो में लम्बा हिम-नद भी शामिल है।

विशेषज्ञो का अनुमान है कि इस क्षेत्र की वर्षा का पानी विश्व की आधी आबादी की पानी की माँग पूरी करता है। इसलिये हिमालय समेत, सेन्ट्रल ऐशिया के सभी पर्वतो का संरक्षण करना सब देशो का मिला-जुला कर्तव्य है।

हिमालय से निकली नदियाँ बारह मासी कैसे बनती है

यह सोचने कि बात है कि बरसात के बाद हिमालय से निकलती नदियों में पानी कहाँ से आता है कि वे बारहमासी बनी रहती हैं। क्या यह सब पानी हिमालय पर जमी बरफ़ के पिघलने से आता है। इस रास्ते से तो थोड़ा पानी ज़रुर आता है पर ज़्यादातर वह पानी है जो दरारो में भर गया था और धीरे-धीरे दरारो के रास्ते बह कर नदियो को भरता है। हिमालय श्रेणियों की दरारो में इतना पानी भरता है कि भारत के अलावा पाकिस्तान, बंगलादेश, चीन आदि देशो कि नदियों को भी सींचता है।

यह तो हम निजी अनुभव से जानते हैं कि पानी ऊंचाई से नीचे की ओर अपने आप दौड़ता है। इसी सिद्धान्त के ऊपर शहरो में पानी सप्लाई करने की टंकी ऊंचाई पर रखी जाती है, ताकि टंकी से कम ऊंचाई वाले घरों को पाइप के ज़रिये, बिना पम्प किये पानी मिलता रहे। यदि पाइप को एक विशेष प्रकार की आपस में जुड़ी हुई दरारों का संग्रह मान लें तो यह कथन स्पष्ट रूप समझ से में आ जायेगा कि हिमालय पर गिरा पानी दक्षिण भारत तक भी पहुंच सकता है क्योंकि दक्षिणी पठार की ऊंचे से ऊंची जगह भी हिमालय पर्वत की ऊंचाई से कम है।

इसी तरह पश्चिमी घाट्स, मध्यभारत की पहाड़ियो और उनकी उच्च भूमि की चट्टानो में पड़ी दरारे अपने क्षेत्र की वर्षा

का पानी अपने में जमा कर अपने क्षेत्र की नदियो को बरसात के बाद भी सींचती रहती हैं। इन नदियों में नर्मदा प्रमुख है जिसके पानी से विशाल नर्मदा सागर के अतिरिक्त अनेकों बड़े बाँधो को भरने के बाद भी पानी बचा रहता है।

पश्चिमी घाट्स की नदियों में कावेरी, गोदावरी, कृष्णा नदियाँ प्रमुख हैं।

पर्वत की दरारों में पानी घुसने का प्रमाण

दरारो में पनाह पाया हुआ पानी पर्वत की स्वभाविक ढलान के अनुसार नीची ढ़लानो की ओर बहता है। जहाँ कहीं पानी भरी दरारे/भ्रंश आदि भूमि सतह या धरातल पर झांकते हैं वहाँ सोते अथवा झरने के रूप में पानी बाहर निकल आता है। यह पानी स्वतंत्र रूप से भूमि पर बह कर आस-पास की नदीयों से जा मिलता है या स्वयं ही नदी का स्त्रोत बन जाता है। हिमालय पर्वत श्रेणीयों, विन्ध्याचल व अन्य पहड़ियो में और दक्षिणी पठार व पश्चिमि घाट्स में ऐसे अनेको छोटे-बड़े कुदरती झरने/सोते देश भर में पाये जाते हैं। झरने चट्टानी संस्तरो में ही बनते हैं। जलोढ़ मिट्टी में झरने नहीं बनते।

बहरीन के समुद्र तल में मीठे पानी के सोते

एक सार्थक उदाहरण और देना चाहता हूँ, यद्यपि इसका सीधा सम्बन्ध अपने देश से नहीं है। अरब प्रायःव्दीप में बहरीन नाम का समुद्र से घिरा छोटा सा देश है। इसके नाम का अर्थ है "दो पानी का देश"। एक तो समुद्र का नमकीन पानी है जो प्रत्यक्ष दीखता है। पर दूसरा मीठा पानी जो देश के किनारे समुद्र की गहराइयों में मीठे पानी के सोतो के रूप में मिलता है। इस मीठे पानी में विशेष प्रजाति के घोंघे पलते हैं जिनकी कोख में मोती पनप कर बड़े होते थे। इनका मूल्य बहुत अधिक होता था। उस

देश के गोताखोर इस घोंघे को पकड़ने के लिये, पीठ पर चमड़े से बनी हुई "मश्क" बाँध कर साँस रोक कर गोता लगाते थे। घोंघे पकड़ने साथ मीठा पानी मश्क में भर कर बाहर निकलते थे। मोती तो केवल कुछ घोंघो में ही मिलता था। जापान ने "कलचरी मोती" बना के बहरीन के प्राकृतिक मोतियों के उद्योग को ख़तम कर दिया है।

यह प्रश्न उठना स्वभाविक है कि बहरीन के मीठे पानी का मूल स्त्रोत कहाँ है। बहरीन में केवल 134 मी. ऊँची लाइमस्टोन (चूना पत्थर) पहाड़ी है और मात्र 72 मि.मी. सालाना वर्षा होती है। भौमिकी शास्त्री बताते हैं कि लाइमस्टोन की चट्टाने दरारों से भर-पूर होती हैं। वर्षा का सब पानी दरारों में भर जाता है और फिर समुद्र तल में मीठे पानी के सोतों के रूप में निकलता है।

किसी गत काल में झरने देश भर में फैले हुये थे। पर अब इनकी संख्या कम होने लगी है क्योंकि मनुष्य ने स्थालाकृति से छेड़-छाड़ बड़े पैमाने पर शुरु कर दी है। सब से चिन्ता की बात है कि जिस लाइमस्टोन चट्टानो में वर्षा का पानी भरता है इन्को तोड़ कर सीमेंट का बनाने का काम कई विदेशी कम्पनियाँ कर रही है। एक तो वैसे ही पानी की कमी है, उसके ऊपर उसके प्राकृतिक धामो को उद्योग के नाम पर नष्ट किया जारहा है।

पौणानिक गाथायें: गंगा का नाम जान्हीवी-पुत्री कैसे पड़ा

प्राचीन भारत के ज्ञानी मनुष्य जो ऋषी कहलाते थे, उन्होने पहाड़ो और नदियो की सुरक्षा साधारण धर्म-भीरु मनुष्य के ज़िम्मे सौंपने के लिये पहाड़ों और नदियो को देवत्व का जामा पहनाया। गंगाजी को पृथ्वी पर लाने का श्रेय, श्री राम के पूर्वज, राजा दिलीप के पुत्र भगीरथ को दिया जाता है। राजा दिलीप के पुत्रों कपिल मुनी का उपहास करने के कारण मुनी के श्राप से भस्म होगये थे। उनका उद्धार केवल सुरसरी गंगा का पानी

ही कर सकता था। राजा दिलीप ने अपने पुत्र भगीरथ को आदेश दिया के वे हिमालय पर्वत पर जा कर स्वर्ग में विचरण करती हुई माँ गंगा को अपनी साधना से प्रसन्न करके धरती पर अवतरण करने का वरदान माँगे। उनकी कठिन तपस्या से प्रसन्न होकर, गंगाजी ने पृथ्वी पर अवतरण करना स्वीकार किया। मगर उन्होने भगीरथ को सावधान किया कि आकाश से उतरने पर उनका वेग इतना तेज़ होगा कि पृथ्वी उन के धक्के को सम्भाल नही पायेगी। इस धक्के को तो केवल कैलाश पर्वत पर विराजे भगवान शिव ही सह पायेंगे। भगीरथ ने शिवजी की घोर साधना करी। उन की तपस्या से प्रसन्न हो कर भगवान शिव ने आकाश की ओर निहारते हुये गंगाजी को अवतरण करने को कहा। अवतरण के समय गंगा का वेग इतना तेज़ था कि उसके धक्के से पृथ्वी ही अस्थिर हो जाती, किन्तु भगवान शिव ने तो गंगा को पृथ्वी से टकराने के पहिले ही अपनी जटाओं में पूरा समा लिया। वैज्ञानिक दृष्टिकोण से शिव-जटाओ को देवदार वृक्षो की जड़ो के रूप में समझा जाता है, जो पर्वत भूमि को कस के जकड़े रहती हैं। गंगा का आगे का प्रवाह रुक गया। राजा भागिरथ की अनेक अनुनय-विनय के बाद, भगवान शिव ने अपनी एक जटा को ज़रा से खोल कर, गंगा के केवल अंशमात्र पानी को आगे जाने दिया ताकि वह जनता का उद्धार कर सके यानी वह काम पूरा हो जिसके लिये राजा भागिरथ ने घोर तपस्या करी थी। इसलिये गंगा को 'जटाशंकरी' भी कहा जाता है। शेष पानी जटाओ में ही समाया रहा। यानी वर्षा का पानी पर्वत की चट्टानो की दरारों में भरा रहा।

गंगा जी के प्रलयकारी स्वरुप को समझाने के लिये एक और कथा रची गई। इस तनिक सी धारा में भी इतना वेग था कि जो कुछ बाधा उसके बहाव के मार्ग में आई, उसको गंगा की तेज़ धारा उखाड़ फ़ेंकती थी। इस तरह गंगा विनाश लीला खेलती हुई पहाड़ी ढ़लान से नीचे उतर कर महान तपस्वी जाह्नू

के आश्रम तक का विनाश कर दिया तो क्रोधित हो कर ऋषि ने उसे अपने तपोबल से अपने शरीर में पूरा समा लिया। फिर भागिरथ की याचना पर ही उसे आगे शान्ति पूर्वक बढ़ने का निर्देश दिया। आगे बढ़ने पर, गंगा जाह्नू ऋषी की पुत्री यानी जानह्वी भी कहलाने लगी।

अन्तिम सत्य तो यह है कि हिमालय की ऊँचाइयों से नीचे उतरते पानी स्वयं ही इतना वेगशील हो जाता है कि मार्ग में पड़ने वाली सब बाधाओ को उखाड़ता और विनाश मचाता हुआ आगे बढ़ता जाता है। वैदिक मानस में भगवान के अतिरिक्त, ऐसे प्रलयकारी पानी को रोकने की क्षमता केवल ऋषी-मुनियों में ही होती है।

बहते-बहते गंगा कपिल मुनी के आश्रम तक पहुँच कर राजा सागर के पुत्रो की भस्म पर गिर कर उनका उद्धार करके गंगासागर के रास्ते बंगाल की खाड़ी में अपने को समुद्र में समाहित कर दिया।

मीठे पानी के धामो का संरक्षण

हमें यह कटु सत्य अच्छी तरह से समझ लेना चाहिये कि मीठे पानी के धामो को हमेशा के लिये बनाये रखने में ही जगत की भलाई है। उनकी कुदरती बनावट से बिल्कुल भी छेड़-छाड़ नहीं करनी है। अगर यह मिट गये तो हम इनको फिर से नहीं बना सकते। इनकी हिफ़ाज़त करना हमारा धर्म होना चाहिये। पर हम तो इनको नष्ट करने पर तुले हुये हैं। भाभर पट्टी के पत्थरो का खनन भारी मात्रा में हो रहा है। पत्थर ख़तम हो गये तो खोखली जगहे भी साथ में ख़तम हो जायेगी। पश्चिमी घाट्स में ऊपर की खोखली तह का भी खनन हो रहा है। तराई और पश्चिमि घाट्स के जंगल लकड़ी के लिये काटे जा रहे हैं। जंगलो का भी सफाया हो जाने से उनकी भूमि को चीरती हुई गहराइयों में

घुसती जड़े सूख जाती हैं। इन्ही के सहारे पानी भूमि के अन्दर घुसता है। इस तरह पानी अन्दर घुसने के रास्ते बन्द हो जाते है वर्षा तो अपनी जगह हो जायेगी ही। पर अन्दर न घुस पाने से वर्षा का पानी व्यर्थ बह जायेगा।

नदियों के किनारे से पेबल्स और बालू का खनन हो रहा है। वर्षा का पानी इनके बीच की ख़ाली जगहो में अपना अस्थाई निवास बनाता है। वर्षा थमने के बाद यह पानी भूमि में रिसता रहता है। रिस कर भी वह नदी के पानी से ही जा मिलता है। राजनैतिक नेता इनके खनन को रोकने के लिये कड़े क़दम नहीं उठाते हैं। उनका कहना है कि नदी स्वयं ही इनका नवीकरण करती रहती है। नवीकरण करने की क्षमता केवल हिमालय से निकली हुई नदियों में सीमित मात्रा में है। यह अफ़सोस की बात है कि भ्रष्ट राजनैतिक नेता वैज्ञानिक सच्चाई को समझने के लिये तैयार नहीं हैं। इसलिये स्वयं समाज को सजग प्रहरी या चौकिदार बनना है।

अध्याय 9

अनोखी धरती

धरती पर पानी कैसे आया

वैज्ञानिकों का ऐसा अनुमान है कि धरती पर पानी का आगमन लगभग 400 करोड़ साल पहले हुआ है।

धरती पर मौजूद सारा पानी उसका अपना नहीं है। इसका कुछ भाग सूर्य मंडल से और उसके बाहर से आया है। पृथ्वी की कक्षा के आगे एक ऐसा घेरा है जिसमे असंख्य पानी/बरफ के क्षुद्र ग्रह या ग्रहिकाये सूर्य की परिक्रमा कर रहे थे। इनमें से कुछ को पृथ्वी ने झपट कर अपनी ओर खींच लिया। यह पानी उसका अपना नहीं है। दूसरा, जब पृथ्वी लावा उगलती थी तो लावा के साथ अनेक तरह की गैसें भी बाहर निकलती थीं जैसे नाइट्रोजन, ऑक्सीजन, हाइड्रोजन, और सल्फर और कार्बन के ऑक्सीजन के साथ बने उसके ऑक्साइड्स (खनिज धातुओं के साथ बने ऑक्साइड्स जैसे कलशियम, सिलिकॉन, ऐलुमिनियम और उस से बनी गैसें जैसे सल्फर डाइ और ट्राई ऑक्साइड, कार्बन डाइ ऑक्साइड)। आरम्भ में ऑक्सीजन मुक्त अवस्था में नहीं थी। धरती पर मुक्त अवस्था में ऑक्सीजन लगभग 3.5-2.7 मिलियन वर्ष पहले साइनो-बैक्टीरिया (एक तरह की एल्गी) के प्रकाश-संश्लेषण क्रिया करने के कारण ही बन पाई (पेड़ो के पत्ते भी इसी क्रिया से वायु की कार्बन डाइऑक्साइड का विच्छेदन करते हैं)। फिर बिजली कौंधने से हाइड्रोजन और ऑक्सीजन का रासायनिक मिलन होने पर पानी बनता है। जिस समय यह घटना शुरु हुआ उस समय धरती अति तप्त अवस्था

में थी। इस के कारण पानी भी अति तप्त भाप के रूप में ही वायुमण्डल में रहा। वह धरती पर नहीं उतर सका। बाक़ी बची ऑक्सीजन, नाइट्रोजन व अन्य गैसें जैसे कार्बन डाइऑक्साइड, सल्फर डाइ और ट्राइ ऑक्साइड आदि वायुमण्डल में ही रह गईं। इस तरह गरम वायुमण्डल अनेक गैसो का समिश्रण था। आरम्भ में इस समिश्रण के घटको की मात्रा आज जैसी नहीं थी। वह बदलती रहती थी। किसी गत काल में कार्बन डाइऑक्साइड की मात्रा वर्तमान से कहीं अधिक थी।

वायुमण्डल में अति-तप्त भाप उस समय के इन्तज़ार में थी कि वायुमण्डल इतना ठंडा हो जाय कि वह तरल रूप में आ जाय और वह धरती पर पानी के रूप में अपनी पहचान बनाये। कुछ भौमिकी काल बीत जाने के बाद ही ऐसा हो पाया। पहले भाप अति क्षुद्र बून्दो के रूप संघनित हो कर बादलो में तबदील हो गई। इन बूँदो का रासायनिक चरित्र रसायन की भाषा में “उदासीन” होता है। कार्बन और सल्फर से बनी गैसें बादलों की पानी की “उदासीन” क्षुद्र बून्दों में घुल गई। इनके घुलने से बादलों में पानी की बूँदो का रासायनिक चरित्र “उदासीन” न रहा। वह हल्का सा आम्लिक हो गया। इसलिये धरती पर प्रथम वर्षा का चरित्र आम्लिक था। साधारणतया आम्लिक वर्षा अब नहीं होती। किन्तु धरती पर सल्फर वाले कोयले को बड़ी मात्रा में जलाने से सल्फर डाइऑक्साइड गैस बनती है जो वायु मण्डल में पहुँच कर आम्लिक वर्षा कर सकती हैं। कुछ दशक पहले यू.एस.ए में जले कोयले का असर युरोप में आम्लिक वर्षा के रूप में देखा गया था। अब तो भारत समेत सभी देशों में उद्योग से निकली गैसों को साफ़ कर के ही वायु मण्डल में फ़ेंका जाता है। आरम्भ में हमारे देश के हिमालय पर्वत पर भी आम्लिक वर्षा हुई थी। ऐसी वर्षा पर्वत की चट्टानो का रासायनिक क्षरण हुआ। इस क्षरण ने गंगा-ब्रह्मपुत्र मैदान बनाने में सक्रिय योगदान दिया।

यह बताया जा चुका है कि प्रारम्भिक चट्टाने लावा के ठंडा होने पर बनी थीं। हर चट्टान कई तरह के खनिजो के मिश्रण से बनी थी। कुछ खनिजों में नमक का भी अंश होता था। आम्लिक पानी की वर्षा जब कठोर और पूरी तरह से ठोस चट्टानो पर हुई तो आम्लिक पानी ने उन चट्टानो को विशेषरूप से काटा जिनमे कार्बोनेट और क्लोराइड अंश वाले खनिज मौजूद थे। रासायनिक प्रक्रिया से बना नमक पानी में घुलनशील है। वह बहते पानी के साथ पानी धरती के गड्ढो में भर गया। अन्ततः इन प्रकियाओं ने मिल कर नमकीन पानी के समुद्र बनाये। ठोस चट्टानों के नमक अंश निकल जाने पर वे सतह से कुछ नीचे तक खोखली हो गई।

समुद्र से वाष्प बनने की प्रक्रिया बराबर चलती रहती है। जब तक वायुमण्डल में अम्ल बनाने वाली गैसे मौजूद रहीं तब तक आम्लिक वर्षा ही होती थी। इस से ज़मीनी चट्टानो का खोखलापन बढता गया। ऐसा क्रम बराबर चलता रहा; समुद्र का नमकीनपन बढ़ता गया और ठोस चट्टानो से नमक का अंश निकल जाने पर ख़ाली जगहों की मुटाई बढती गई। पर सब चट्टानों ऐसा नहीं हुआ। कुछ ठोस की ठोस बनी रहीं क्योंकि सब चट्टानो की रासायनिक बनावट एक समान नहीं थी।

जब वायुमण्डल की अम्ल बनाने वाली गैसें ख़तम हो गईं, तब से वर्षा मीठे पानी की होती आरही है। समुद्र से वाष्प -> धरती पर वर्षा -> नदियों व्दारा धरती के पानी का समुद्र में वापस जाने की प्रक्रिया निरन्तर चक्रानुसार चलती आ रही है। सूर्य के ताप से समुद्र पानी से जो वाष्प बनती है उसमें नमक नही होता। अन्ततः इस वाष्प ने बादल बनाये जिनको वायु की धाराओं ने धरती की ओर धकेल दिया। इस तरह से बना वर्षा-पानी मीठा होता है। वह हमको पानी के रूप में मिलता है।

पृथ्वी ने बर्फीली क्षुद्र ग्रहिकाओं को कैसे झपटा

यह प्रश्न उठना स्वभाविक है कि आख़िर पृथ्वी में ही ऐसी क्या ख़ास बात थी कि केवल वही बर्फीले क्षुद्र ग्रहों को अपनी ओर खींच पाई। अन्य तीन ठोस ग्रह पृथ्वी से अपेक्षाकृत छोटे हैं। वैज्ञानिक बताते हैं कि गुरुत्वाकर्षण बल का सीधा सम्बन्ध ग्रह के घनत्व से होता है। जिस ग्रह के "माल" का घनत्व अधिक होगा उसका गुरुत्वाकर्षण बल भी अधिक होगा। पृथ्वी के 'माल' का घनत्व भी अन्य ग्रहों से अधिक है। इसलिये उसका गुरुत्वाकर्षण बल सूर्य अन्य ग्रहों से अधिक है। इसलिये केवल वही पानी या बर्फ भरे छुद्र ग्रहों को उनकी कक्षा से खींच कर अपनी ओर ला पाई।

बुद्ध ग्रह ने भी बर्फीली ग्रहिकाओं को झपटा?

सूर्य के अन्य ठोस ग्रहों का अध्ययन करने वाली एमेरिकन शोध एजेन्सी (नासा) के वैज्ञानिको ने वर्ष 2019 के आसपास यह खुलासा किया कि बुद्ध ग्रह ने भी क्षुद्र-पिण्डो वाली कक्षा से बर्फ़ीले पिण्डो को अपनी ओर खींचा था और उस पर भी किसी भैमिकी गत काल में पानी था। ऐसे संकेत मिले हैं कि यह पानी अब उसकी चट्टानो की दरारों में भर गया है। इसके "वायुमण्डल" में कार्बन डाइऑक्साईड की प्रधानता होने के कारण धरातल का तापक्रम इतना अधिक है कि उस पर जीवन नहीं पनप सकता। इसके "माल" का घनत्व पृथ्वी के "माल" से कम है। इसलिये इसका गुरुत्वाकर्षण बल पृथ्वी के से कम है।

वैज्ञानिक तथ्य की पौणानिक गाथाओं में पुष्टि

अतीत काल के भारतीय विव्दानो को सम्भवताः इस बात का ज्ञान था कि पृथ्वी का पानी आकाश मंडल से आया है। पुराने ऋषी समाज ने इस तथ्य को साधारण आदमी तक पहुँचाने के लिये पौराणिक कथाओ का सहारा लिया। एक कथा में बताया

गया कि धरती पर एक समय महादानी और ज्ञानी दैत्य राजा बलि का राज्य था। उनसे स्वर्ग के राजा इन्द्र को डर लगा कि कहीं राजा बलि अपने पराक्रम के बल पर उसका सिहांसन ही उस से न छीन लें। उसने भगवान विष्णु से रक्षा की मांग करी। इन्द्र को बचाने के लिये भगवान ने वामन रूप धर के राजा बलि के सामने एक याचक के रूप में उपस्थित हो गये। उन्होने अपने रहने के लिये राजा बलि से केवल तीन पग भूमि की याचना की। भगवान का छल समझने में राजा को तनिक भी देर नहीं लगी। फिर भी राजा ने वामन से तीन पग भूमि स्वयं नाप लेने को कहा। तुरन्त भगवान अपने असली रूप में आ गये। उनके विशाल एक पग में पूरी पृथ्वी समा गई, दूसरा पग जैसे ही तीनो लोको की ओर बढ़ाया, तुरन्त ही उनका पैर पखारने के लिये ब्रह्मांड से गंगा निकल आई। पखार का पानी नीचे की ओर गिरने लगा। इस पानी को ब्रह्माजी ने प्रभु का चरणामृत मान कर अपने कमंडल में भर लिया। हम ब्रह्माजी के कमंडल को ब्रह्मांड का कथानक रूप मानते हैं। युगों बाद यही पानी गंगा के रूप में कैलाश पर्वत पर आया और पवित्र गंगा के रूप में हमको मिल रहा है।

धरती पर हवा (वायु)

धरती पर पानी आ जाने के बाद हवा आई। इस समय हवा में ऑक्सीजन (21%), नाइट्रोजन (78%) और शेष में कार्बन डाइऑक्साइड (0.036.%) व अन्य गैसें हैं। हम जानते हैं कि ऑक्सीजन के बिना मनुष्य या अन्य प्राणी जीवित नहीं रह सकते। कम मात्रा होने पर भी, कार्बन डाइऑक्साइड गैस का उतना ही महत्व है जितना ऑक्सीजन का। हमको व अन्य सभी प्राणियो को जीवित रहने के लिये भोज्य पदार्थों की भी ज़रुरत होती है। सब भोज्य-पदार्थ कार्बन डाइऑक्साइड के ज़रिये मिलते हैं।

सब प्राणियो की श्वसन प्रक्रिया के और ईंधन जलाने के लिये ऑक्सीजन गैस की ज़रुरत होती है और दोनो क्रियाओं में कार्बन डाइऑक्साइड गैस बनती है। श्वसन प्रक्रिया से बनने वाली कार्बन डाइऑक्साइड की तुलना में ईंधन - कोयला, लकड़ी, और पेट्रोलियम - के जलने से बनी इस गैस की मात्रा कहीं अधिक होती है। ईंधन की खपत संसार में लगातार बढ़ती जा रही है। कार्बन (जिसके एक रूप को हम कच्चे कोयले के रूप में देखते हैं) या ईंधन को जलने के लिये ऑक्सीजन गैस की ज़रुरत होती है, वह वायुमंडल से छीनी जाती है। ईंधन जलने के बाद ऑक्सीजन कार्बन डाइऑक्साइड में बदल जाती है। यदि यह प्रक्रिया एकतरफ़ा चलती है तो वायुमंडल की ऑक्सीजन को ख़तम होने में कुछ समय भी नहीं लगेगा। फलस्वरूप मनुष्य समेत सब प्राणियों का जीवन ख़तम हो जाता। पर ऐसा हुआ नही। प्राणी जगत जीवित है। क्यों?

कुदरत ने ऐसा करिश्मा करा की पेड़-पौधे, खेतों की हरियाली और उपज के लिये कार्बन डाइऑक्साइड के माध्यम व्दारा होती है। वे सूर्य की मदद से इस गैस का कार्बन अंश अपने में समाहित करते हैं। उससे हमारे भोज्य पदार्थ बनाते हैं। और ऑक्सीजन वायुमंडल में छोड़ देते हैं।

कुछ वर्ष पहले तक वायुमंडल में दोनों गैसो में सन्तुलन बना हुआ था कि जितनी कार्बन डाइऑक्साइड गैस वायु मंडल में प्रवेश करती थी, वह करीब-करीब सब भोज्य-पदार्थो और पेड़-पौधों की हरियाली में बदल जाती थी और उसका ऑक्सीजन अंश वायुमंडल में पुनः प्रवेश कर जाता था। पहले कार्बन डाइऑक्साईड की हवा में मात्रा 0.036% थी। यह मात्रा सन्तुलित थी किन्तु गत 70-80 वर्षो के अन्दर 0.04% की ओर जा रही है। वैसे तो यह बढ़त बहुत मामुली है पर इसका असर दुनिया की जलवायु के लिये बहुत ख़तरनाक है। सन्तुलन

बनाये रखने में सब किस्म की हरियाली यानी वन-वृक्ष आदि का बहुत महत्व है।

किसी अनुमान के अनुसार एक बड़ा वृक्ष एक वर्ष के दौरान में लगभग 22 किलोग्राम कार्बन डाइऑक्साइड की खपत करता है और 16 किलोग्राम ऑक्सीजन वायुमंडल में छोड़ देता है। जंगल कट जाने से उद्योग व्दारा वायुमंडल में छोड़ी गई सब कार्बन डाइऑक्साइड का विच्छेद नहीं हो पाता। इसका नतीजा यह है कि इस गैस की मात्रा वायुमंडल में बढ़ती जा रही है।

कुछ कार्बन डाइऑक्साइड समुद्र के पानी में भी घुल जाती है। इससे समुद्र के खारीपन में बदलाव हो रहा है। इस बदलाव का असर समुद्र में बसने वाले जीव-जन्तुओ पर होता है। कुछ कोरल व्दीप समूहों का अस्तित्व ही ख़तरे में पड़ गया है।

गत 100 वर्षो में पेट्रोलियम से बने ईंधनो की ख़पत औद्योगिकरण के कारण बेतहाशा बढ़ी है और साथ ही साथ हो रहे शहरीकरण के कारण और खेती के लिये अधिकाधिक भूमि तैयार करने में हरे-भरे वनो का सफ़ाया इतने बड़े पैमाने पर हुआ कि प्रकृती के लिये सन्तुलन बनाये रखना नामुमकिन हो गया।

कार्बन डाइऑक्साइड की बढ़त के परिणाम

छोटी सी दीखने वाली वायुमण्डल में कार्बन डाइऑक्साइड की बढ़त के परिणाम बड़े क्रूर व भयावह हैं। धरती का औसत तापक्रम बढ़ता जा रहा है। इसको वैश्विक उष्मीकरण कहते हैं। इसकी चर्चा हम नहीं करेंगे पर इतना ज़रूर बताना चाहते हैं कि वैश्विक ऊष्मीकरण के परिणाम तो हमने भुगतने शुरु कर दिये हैं। सदियों से एक ढ़र्रे पर होती वर्षा का मिज़ाज अब बदल गया है। अब कभी एकाएक तेज़ वर्षा होती है। और फिर कुछ दिन के लिये वह बिलकुल नदारत। कुछ दशक पहले तक वर्षा की झड़ी कई दिन के लिये लग जाती थी। अब ऐसा कम हो रहा

है। मौसम वैज्ञानिक बताते हैं कि अपने देश में वर्षा के दिनो में कमी भी आई है। तूफ़ानो और सुनामी की संख्या बढ़ गई है। वायु और भूमिजल भंडार प्रदुषित हो गये हैं। देश की आधी से अधिक आबादी ने पानी का संकट झेलना शुरु कर दिया है। पानी की कमी का दंश सब से पहले किसान को और आर्थिक तौर पर कमज़ोर वर्ग को सताता है।

यदि शहरो की हवा में अन्य तरह के प्रदूषणो को छोड़ दें तब भी शहरो में पेट्रोल, डीज़ल से चलने वाले वाहनो के कारण हवा में जीवन-दायिनी ऑक्सीजन की मात्रा गांवो की अपेक्षा कम है। गाँवो में वृक्ष और हरियाली कहीं अधिक है। इसलिये गांवो की हवा शहरी हवा की अपेक्षा साफ़ और स्वास्थय अच्छा रखने वाली मानी जाती है।

सौर मण्डल के अन्य ठोस ग्रहो का वायुमण्डल

सौर मंडल में केवल पृथ्वी पर जीवन के लिये माफिक जलवायु मिलती है। सूर्य के अन्य तीन ठोस ग्रह पूरी तरह से चट्टानी हैं, उन पर न तो पानी है और न ही हमारी जैसी हवा। उन पर वायुमंडल तो है पर हमारे जैसा नहीं। उनके वायु मंडल में जीवन-दायी ऑक्सीजन नहीं है। फिर वे अत्यधिक गरम हैं कि उन पर हमारी धरती जैसा प्राणी जगत पनप नहीं सकता।

मनुष्य के कार्य-कलापों ने पानी के धाम नष्ट किये

पानी के प्राकृतिक धामों के नष्ट होने के दो प्रमुख कारण हैं। एक ओर तो मनुष्यो के कार्य-कलाप और दूसरा जनसंख्या में अपार वृद्धि। जन्म के बाद प्रत्येक मनुष्य सरकार से यह आशा रखता है कि वह उसका जीवन सुखमय बनाये। उसे उचित मात्रा में पानी, भोजन और रोज़गार उपलब्ध कराये। जन्म दर बढ़वाने में तो सरकार का कोई हाथ नहीं होता, वरन वह तो यह सलाह देती है कि परिवार सीमित रखिये।

इस के पलट अशिक्षित धार्मिक कट्टर पन्थियों और कठ-मुल्ला अपना "वोट बैंक" बढ़ाने के लिये अपने समाज को आबादी बढ़ाने के लिये उकसाते हैं। विडम्बना यह है ऐसे लोग सरकार से अपेक्षा रखते हैं कि वह उन के भरण पोषण के लिये साधन जुटाये। मानव में जनसंख्या बढ़ाने की क्षमता तो बहुत अधिक है पर भरण-पोषण के लिये आवश्यक पानी की मात्रा बढ़ाना बिलकुल सम्भव नहीं है। विश्व में कुल पानी की मात्रा उतनी ही है जितनी कि वह सृष्टी के आरम्भ में थी। इस के ऊपर यह बात भी है कि ऑद्योगिक विकास से पानी के प्राकृतिक धाम मिटते जा रहे हैं। मिटे हुये पानी के धामो को वापस लाना नामुमकिन है।

अपनी सुख-सुविधा के लिये और अपने उद्देश्य की तात्कालिक पूर्ती के लिये मनुष्य धरती के प्राकृतिक चरित्र से छेड़-छाड़ करने में तनिक भी नहीं हिचकता। धरती के प्राकृतिक स्वरूप को उसने नष्ट प्राःय कर दिया। इसका नतीजा हम ने कई तरह से भुगतना शुरु कर दिया है। आये दिन प्राकृतिक आपदाओं - बाढ़, अनावृष्टी, सूखा, सुनामी आदि का सामना करना पड़ रहा है।

धरती की आबादी भी इतनी तेज़ी से बढ़ती जा रही है कि भरण-पोषण के लिये आवश्यक पानी की माँग और उसकी पूर्ती के बीच की खाई अधिक चौड़ी होती जा रही है।

भारत में प्रति मनुष्य/वर्ष पानी की घटती उपलब्धी

पिछले 70 वर्षो में भारत की आबादी चौगुनी से अधिक हो गई है। भारतीय कृषी वैज्ञानिको और किसान की बदौलत खाद्य वस्तुओ का उत्पादन इतना बढ़ गया कि भुखमरी की नौबत नहीं आई। मगर वर्षा-पानी की मात्रा तो प्रकृती तय करती है। उसमें इजाफा या बढ़त होना असम्भव है। इसलिये पानी की सालाना प्रति मनुष्य उपलब्धी निरन्तर घटती जारही है। इस घटत के सरकारी आँकड़े सब का ध्यान इस दैत्य समान उभरते हुये संकट की ओर ध्यान दिलाने के लिये दिये जा रहे हैं:

वर्ष	प्रति मनुष्य सालाना उपलब्द्धी घन मीटर
2001	1820
2011	1545
2025	1140

अन्तर राष्ट्रीय स्तर पर जब पानी की प्रति मनुष्य सालाना उपलब्द्धी 1700 घन मीटर से कम हो जाती है तब पूरे देश में 'जल-तनाव' की स्थिति बन जाती जाती है। जब यह संख्या 1000 घन मीटर से कम हो जाती है तब देश में पानी की तंगी है या पानी दुर्लब्द्ध हो गया है। अभी तक तो देश के भौमिगत जल ने देश को संकट से उभार लिया है। पर पूरे देश में भौमिजल का स्तर गिरता जा रहा है।

बाँगला देश व भारत समेत दक्षिण एशिया के अन्य देशों की व अफ्रिकी देशो की आबादी तो इतनी अधिक बढ़ गई है कि उनके पानी के प्राकृतिक संसाधन मिट गये हैं या मिटने की कगार पर पहुँच गये हैं। उनकी जनता पानी और भोजन की तलाश में अन्य देशों मे ज़बरन घुसने की कोशिष कर रही है। आतंकी घुसपैठ का यही मुख्य कारण है। घुस-पैठ की स्थिति इतनी भयानक है कि देशों में आपस में युद्ध भी छिड़ सकता है।

मालथस की चेतावनी

समय की माँग है कि संयम से जनसंख्या कम करी जाय। यदि यह नहीं हुआ तो इंग्लैण्ड के प्रसिद्ध विचारक मालथस की 18वी सदी कि चेतावनी सत्य साबित हो जायेगी। उन्होने कहा था यदि संयम नहीं बरता गया तो आबादी इतनी बढ़ जायेगी कि मनुष्य ही मनुष्य को "खा" जायेगा। यानी भुखमरी से और आपसी युद्ध से लाखों लोग मारे जाने पर विश्व की आबादी स्वतः आधी हो जायेगी।

युवा पीढ़ी की ज़िम्मेदारी

नई उभरती हुई पीढ़ी की ज़िम्मेदारी है कि वह प्रकृती को समझे और चौकीदार की तरह जागरूक रह कर उन सभी साधनो की जिनके व्दारा धरती हमको अमृत के रूप में पानी देती है, रक्षा करें। अगर हमारी जीवन चर्या से इनको हानि पहुँचती है तो हम अपने रहने के ढ़ंग को बदलें। इसके अलावा हमारे पास कोई विकल्प नहीं है।

युवा पीढ़ी को यह उलझन नहीं होनी चाहिये कि अकेला उनका छोटा सा प्रयास इतनी बड़ी समस्या का कैसे निदान कर सकता है। जैसे बूँद-बूँद पानी से मटकी भरती है, वैसे ही हम सब को अपने निजी स्तर पर इस दिशा में समझदारी से काम करने की ज़रुरत है।

युवा पीढ़ी का आत्मविश्वास दृढ़ करने के और उत्साह बढ़ाने के लिये मैं एक पौणानिक कथा बताता हूँ। इस कथा के अनुसार टीटीहारा नाम के पक्षी के जोड़े ने समुद्र के किनारे अपना घोंसला बना रखा था। जब अंडा देने का समय आया, तो मादा पक्षी को वह स्थान सुरक्षित नही लगा क्योकि उसने समुद्र की प्रचंड लहरो को पूर्णिमा के दिन उस स्थान तक आते कई बार देखा था। उसने अपनी आशंका नर पक्षी को बताई, तो घमण्ड में आकर नर पक्षी ने कहा कि समुद्र की क्या हिम्मत की ऐसी हिमाकत करे कि हमारे अंडे बहा कर ले जाये। छोटे से पक्षी की बात समुद्र ने सुनी और इसे अपनी प्रतिष्ठा को चुनौती मान कर, निश्चय किया कि अगली पूर्णिमा को वह उसके अंडे उठा ले जायेगा। उसने किया भी ऐसा ही। रोती-बिलखती मादा ने अपने नर को खरी-खोटी चुभने वाली बातें सुनाई। आहत हो कर नर पक्षी ने पक्षियों के राजा गरुण जी की शरण में गया और उन से निवेदन करा कि वे सब पक्षियों को हिदायत दें कि वे अपनी नन्ही चोंच से समुद्र के पानी को बूँद-बूँद कर उलीच दें।

समुद्र को मालुम था कि गरुणजी भगवान विष्णु की सवारी हैं। वे अवश्य ही अपने सेवक की बात पर ध्यान देंगे और क्रोध में आकर उसे सुखा डालेंगे ताकि टीटीहारा अपने अंडे ले जाय। डर कर उसने तुरन्त अंडे वापिस कर दिये।

इस कहानी से हमने देखा कि संगठन में कितनी शक्ति होती है। उसके आगे शक्तिमान को भी झुकना पड़ता है। अपने यहाँ कहावत भी है कि अकेला चना भाड़ नही फोड़ सकता। वास्तव में सब लोगों के मिलकर कार्य करने से मुश्किल कामो को आसानी से पूरा किया जा सकता है|

कहानी को जीवन में सफलता पूर्वक उतारा

समय की माँग है युवा वर्ग आत्म विश्वास के साथ पहला क़दम उठाये और सिद्ध करे कि अकेला चना भाड़ फोड़ सकता है। काफिला तो बनता जाता है। पाठको का आत्म विश्वास बढ़ाने के लिये दो युवको की इच्छाशक्ति और साहस की वास्तविक घटनाओ की चर्चा लेखक कर रहा है।

कुछ वर्ष पहले तक मुम्बई का वरसोआ समुद्र तट '(बीच)' विशेष जाति के समुद्री कछुओं का प्रजनन क्षेत्र था। धीरे धीरे यह तट प्लास्टिक के कचरे से लद गया और समुद्री कछुए भी नदारत होगये। कुछ वर्ष पहले एक नव युवक ने अकेले प्लास्टिक कचरा हटाने की ठानी। उसका हाथ बँटाने के लिये 1000 नवयुवकों का काफिला बनता गया। इन लोगों ने तीन वर्ष की कड़ी मेहनत से 5 मिलियन कि.ग्रा. कचरा हटा कर 'बीच' को साफ़ कर दिया। संयुक्त राष्ट्र ने इस को विश्व का सब से बड़ा समुद्र से प्लास्टिक निकालने का प्रायोजन कह कर सम्मानित करा। फिर से यह क्षेत्र समुद्री (ओलिव) कछुओं का प्रजनन क्षेत्र बन गया। जनता से आशा करी जाती है कि वह समुद्र में प्लास्टिक कचरा नहीं फेंकेगी।

दूसरा उदाहरण लेखक उत्तर-पूर्व के आसाम राज्य की ब्रह्मपुत्र नदी के तटों पर घटी वास्तविक सकरात्मक गतिविधि का वृतान्त दे करना चाहता है। इस नदी को पूर्वोत्तर आसाम में एक अभिशाप के रूप में भी देखा जाता है। इसका कारण यह है कि पहाड़ियो से उतरने पर इसका बहाव बहुत तेज़ होता है और यह नदी अपने किनारो को काटती हुई आगे बढ़ती है। अपने साथ पहाड़ो से बहा कर लाई मिट्टी, रेत, पहाड़ी चट्टानो के टूटे हुये अवशेष भी लाती है जिनको वह बहाव हलका हो जाने के कारण नीचे मैदान में छोड़ देने को मजबूर हो जाती है। इस वजह से इसका पाट मैदान में बहुत चौड़ा हो जाता है। तट पर लगे वृक्ष और पौधे भी बह जाते हैं। इस तरह जंगली जानवरो के रहने की जगहें भी नष्ट हो जाती हैं और उनके मृत शरीर नदी में देखे जाते हैं। एक दिन नदी के तट पर घूमते हुये एक युवक जाधव जी की नज़र नदी में बहते हुये मृत साँपो और अन्य जानवरो पर पड़ी। उनकी समझ में आया कि वृक्ष आदि के नष्ट हो जाने से जानवरों की अपना बचाव करने की सब जगहे भी नष्ट होगई है। उन्होने नदी के दोनो तटो का अकेले बिना किसी सहायता के वृक्षारोपड़ करने का मन बना लिया। उन्होने बाँस, कटहल, आम, साल, सागोन, सीताफल, बरगद, जामुन आदि के इतने पेड़ रोपे कि वहाँ पर एक जंगल बन गया जिसमे बंगाल टाइगर समेत अनेक जंगली जानवर रहने लगे। इनके कर्मठ प्रयासो को महामहिम राष्ट्रपति ने भी कुछ वर्ष पूर्व सराहा और इनको पद्मश्री की उपाधि से अलंकृत किया। इन्होने यह सिद्ध कर दिया कि 'अकेला चना भाड़ फोड़ने' की क्षमता रखता है।

अध्याय 10

भूमिगत प्राकृतिक धामो तक वर्षा पानी का पहुँचना

आमुख

पानी अमृत समान पेय है। पानी के बिना धरती वीरान हो जायेगी। प्राकृतिक व्यवस्था के अनुसार वर्षा से प्राप्त स्वच्छ और मीठे पानी को नदियों में बहता हुआ और झीलों व तालाबों को भरता हुआ तो हम देखते हैं। पर इनके अलावा पानी के भंडार धरती के भीतर भी हैं, जिनको हम प्रत्यक्ष नही देख सकते। विशेष स्थानो पर धरती के भीतर समाया हुआ पानी सोतों के रूप में बाहर निकलता देखा जाता है। कहीं तो यह झरने के रूप निकलता देखा जाता है। और कहीं इसकी मात्रा इतनी अधिक होती कि सोते ही कावेरी जैसी नदियों के स्त्रोत बन जाते हैं। सोते समुद्र-तल पर भी होते हैं, जैसे बहरीन देश में। इनके बारे में चर्चा पिछले एक अध्याय में करी जा चुकी है।

पानी के अनेको स्वरूप

पानी में अपना स्वरूप बदलने की विलक्षण क्षमता है जैसेः

पानी आकाश से गिरे तो - बारिश का पानी, आकाश की ओर उठे तो - भाप, और वाष्प यदि आकाश में ठंडा होकर जमी हुई हालत में गिरे तो - ओले और हिम, गिर कर जमे तो - बर्फ, फूल और हरियाली पर प्रातःकाल में गिरे तो - ओस,

फूल से निकले तो इत्र, बरस पर एक स्थान पर जमा हो जाय तो - झील या तालाब, बहने लगे तो नदी, नदी का मुहाना बन जाय तो समुद्र, समुद्र से वाष्प बन कर आकाश की ओर जाय तो बादल, भूमि के अन्दर से निकले तो भू-जल और सोता, मनुष्य के शरीर से निकले तो पसीना, आँसू और मूत्र, फलो के अन्दर से निकले तो मीठा "जूस"। जल की कमी से सूखा और अधिकता से बाढ़ और उसकी अति होने से प्रलय!

सीमित भौमिजल

"नया पानी" केवल वर्षा से मिलता है। प्रकृति ने इसे अपने भूमिगत 'धामो' में लगातार स्वतः भरते रहने की निराली व्यवस्था बनाई है। इसलिये इस व्यवस्था को यथावत बनाये रखने की नितान्त आवश्यकता है विशेषकर हमारे जैसे देश में जहाँ वर्षा केवल तीन महीनों में ही सिमट जाती है। यदि इन भण्डारो से पानी लगातार, बिना उनको पुनः भरे, निकलता रहेगा तो प्राकृतिक व्यवस्था लड़खड़ा जायेगी। भूमि के अन्दर पानी का अक्षय भंडार नहीं है। वर्षा पानी का वह भाग जो भूमिगत धामों तक नहीं पहुँच पाता, वह नदियों के रास्ते बह कर समुद्र में वापुस चला जाता है।

वर्षाजल को भूमि के अन्दर धामों में भरने के प्राकृतिक रास्ते

प्रकृति की कार्य-शैली में वर्षा की हर बूँद को धरती पर या धरती के अन्दर सहेज कर रखना है। यदि ऐसा नहीं हुआ तो वर्षा का मीठा पानी समुद्र में बह कर फिर से नमकीन हो जायेगा। सूर्य के ताप से बनी वाष्प को प्रकृति बड़े यत्न से वायुमण्डल में चल रही पवन धाराओं के सहारे भूमि और पहाड़ो की ओर धकेल कर अमृत समान मीठे पानी के रूप में वर्षा करती है। जब वर्षा

पानी भूमि में नहीं घुस पाता तो वह निश्चय ही वापस समुद्र में चला जाता है। यदि पानी समुद्र में वापस चला गया तब प्रकृति के सब करे धरे पर "पानी फिर" जायेगा।

धरती का बनना चट्टानो से आरम्भ हुआ था। भौमिकी गतिविधियों से चट्टानों मे असंख्य बड़ी-छोटी दरारें है और ख़ाली जगहें हैं। यह धरती के अन्दर सब से सुरक्षित प्राकृतिक धाम हैं। यह सब से महत्वपूर्ण बात है कि यह दरारे आपस में जुड़ी हुई हैं। चट्टानो के अलावा धरती कुछ स्थानो पर जलोढ़ मिट्टी के कणों से बनी है - जैसे गंगा-ब्रह्मपुत्र का विशाल मैदान। दक्षिण पठारी भारत की नदियाँ ऐसा विशाल जलोढ़ मैदान नहीं बना पाईं क्योंकि पठार बनने के बाद ही उस पर वर्षा होनी आरम्भ हुई।

जलोढ़ मिट्टी के कण ऊपरी तौर पर आपस में चिपके हुये दीखते हैं पर वास्तव में कण एक दूसरे से सटे दीखने पर भी इतने "खोखले" होते हैं कि उनके बीच की जगहों में पानी आसानी से भर जाता है। यह खोखली जगहें आपस में जुड़ी होती हैं। इन "रास्तो" से पानी आसानी से भूमि के अन्दर रिसता जाता है। भूमि के अन्दर रिसते हुये इस पानी को प्रकृति उन चट्टानो के ऊपर संचय करती है जो ठोस होती हैं। उनमें ऐसे छिद्र नही होते कि उनसे पानी रिस कर और नीचे चला जाये।

जलोढ़ मैदानो की समुद्र की ओर ढ़लान इतनी कम होती है कि नदियाँ धीरे-धीरे आराम से वह कर अपना रास्ता तय करती हैं। अधिक वर्षा होने पर इनमें बाढ़ भी आती है जिससे पानी को रिसने के लिये और अधिक समय मिल जाता है। मैदानी क्षेत्र में बड़े पेड़ - नीम, शीषम, पीपल, आम, इमली आदि भी आसानी से अपनी जड़े भूमि के अन्दर गहराइयों तक फैलाते हैं।

वर्षा पानी को चट्टानी भूमि के अन्दर उसके धामों तक पहुँचाने के लिये दो मूल भूत आवश्यकताये हैं। पहली आवश्यकता

तो यह है कि वर्षा के पूरे पानी का धरातल पर अस्थाई भण्डारण कर लिया जाय ताकि वह व्यर्थ बह कर वापस समुद्र में न चला जाय। इस काम के लिये प्रकृति ने धरातल पर अनगिनित तालाब भौमिकी गतिविधियो व्दारा बनाये थे; जहाँ तालाब नहीं बन सकते थे, वहाँ धरातल की ठोस चट्टानो को खोखला कर दिया था। खोखली जगहों में वर्षा का पानी तुरन्त समा जाने के बाद चट्टानों की दरारो में इतमिनान के साथ भरता रहता है। अस्थाई भंडारण के तरीक़े भौमिकी के अनुसार बदलते रहते हैं।

इसका सब से अच्छा उदाहरण पश्चिम घाटस् के धरातल पर लैटेराइटस् की मोटी तहें हैं। ऐसी तहे देश में और जगहें भी हैं जैसे चम्बल नदी की वादियों की पहाड़ियों में। इस प्रक्रिया को ऐसे समझा जा सकता है जैसे गाय चरते वक्त चरी घास को जल्दी-जली बिना चबाये पेट में भरती है और फिर आराम से बैठ कर उसकी जुगाली करती है।

दूसरी, आवश्यकता यह कि धरातल पर अस्थाई भण्डारण किये हुये पानी को शीघ्रताशीघ्र भू-जल के धामों तक पहुँचाया जाय। वैसे तो यह काम पृथ्वी का गुरुत्वाकर्षण बल करता है। पर इस प्रक्रिया में नीचे रिसने की दर बहुत कम होती है। प्रकृति इस दर को कई तरह से बढ़ा देती है। इस कार्य के लिये पेड़ो की जड़े विशेष रूप से सहायक होती हैं। पेड़ो की जड़ो और मिट्टी के कणो की सन्धि पर सूक्ष्म दरार स्वभाविक तौर पर बनती है पर दिखाई नहीं देती। दरार के सहारे पानी नीचे की ओर रिस सुगमता से रिसता जाता। इसके अलावा जड़ो के मुलायम रेशे मिट्टी के कणों को अपने रेशा-पाश से जकड़े रहते हैं। ऐसी जकड़ से अन्ततः स्पौंज जैसा गुलथ्था बन जाता है जो आसानी से वर्षा जल अपने छिद्रों में भर लेता है। जहाँ पेड़ नहीं होते, वहाँ यह काम मैदानो में लम्बी जड़ो वाली घासे - कुश या कुशा, ख़सख़स आदि भली भाँति सम्पन्न करती हैं।

लम्बी जड़ वाली घासों से नदी-नालो की ढलाने व तराई क्षेत्र कुछ दशक पहले तक भर-पूर थे। इनकी जड़े पानी को अन्दर घुसने के अलावा नदी के ढालो पर मिट्टी के कटाव को भी रोकती थीं। नदी का पानी गन्दला होने से भी बच जाता था।

भारत में अनेक तरह की जलवायु होने के कारण, घास की प्रजाती भी जलवायु के अनुसार बदलती रहती है। थार मरुभूमि की घास की अपनी अलग पहचान है, उत्तरी भारत में काँस या कुशा घास है तो पश्चिमी घाट्स के कुछ क्षेत्रों में शोला घास। पश्चिमी घाट्स के घने जंगलों में स्वभाविक तौर गिरे हुये पेड़ो के सड़ते हुये तने भी यही काम करते है। यह जंगल इतने घने होते थे कि सूर्य की किरणें धरती तक नहीं पहुँच पाती थी। सड़े तने पास-पास होने से जंगलों में “बॉग्स” यानी दलदल जैसी स्थिति बन जाती है। पश्चिमी घाट्स पर वर्षा की मात्रा भी अधिक है। धरती में रिस कर पानी पश्चिमी घाट्स से उदगम करने वाली अनेको सरिताओं के रास्ते अन्ततः बड़ी नदियों तक पहुँच जाता है। दक्षिण की नदियों का बहाव बहुत तेज़ होता है। उनमें बाढ़ नहीं आती।

प्राकृतिक व्यवस्था टूटने की पहचान

व्यवस्था के लड़खड़ाने की चेतावनी यह है कि साधारण कुए सूखने लगते हैं। गाँवो में, जहाँ कुए अभी भी देखे जाते हैं, तो यह प्रत्यक्ष दीखता है। पर शहरी समाज को इस बात का पता ही नहीं चलता क्योंकि वहाँ अब कुए ही दिखाई नहीं पड़ते क्योंकि अब घरों में पानी की सप्लाई केन्द्रीय व्यवस्था पाइप या नल व्दारा करती है। शहरी आबादी को इस बात की जानकारी नहीं हो पाती कि भू-जल स्तर गहराता जा रहा है। किन्तु अब जब उनकी सप्लाई में भयानक कमी हो गई है तो प्रबुद्ध समाज इस ओर भी संवेदनशील होता जा रहा है।

कुछ दशक पहले तक शहरों में पानी का वितरण नदी से लिये हुए पानी की साफ़ सफ़ाई कर पाइप व्दारा वितरित किया जाता था। अब जब नदियों में ही पानी नहीं रहा तो केन्द्रीय पानी बंटवारा करने वाली संस्थायों ने अपनी समस्या का निदान बोर-कुए से भू-जल पम्प व्दारा बाहर निकाल कर दूर करी। इस वजह से भू-जल स्तर नीचे की ओर गिरना शुरु हो जाता है। विडम्बना यह है कि जो संस्था पानी निकालती है, उसे बेहिसाब पानी निकालने दिया जाता है। वह निकाले हुये पानी की बराबर मात्रा में वर्षा पानी को भुमि के अन्दर संचय करने के प्रति उदासीन हैं। एकतरफ़ा प्रक्रिया से बोर कुओं की पानी देने की क्षमता कम होती जाती है। अधिकारी गण इस समस्या का समाधान बोर कुए की गहराई बढ़ा कर करते हैं। वास्तव में यह समस्या का समाधान नहीं है। यह तो दैत्य भगाने के लिये "हनुमान चालीसा" उच्चारण करने से भी कम है - "भूत पिशाच निकट नहीं आंवे, महावीर जब नाम सुनावे"। यह तो समस्या के प्रति शुतुर-मुर्ग की भाँति आँख मूँद लेना है।

दिल्ली, बंगलेरु, हैदराबाद, कानपुर जैसे बड़े नगरो में पानी की किल्लत से जनता कई वर्षों से परेशान है। दो मटकी पानी भरने के लिये स्त्रीयों को घन्टो लाइन लगानी पड़ती है। यह काम अधिकतर स्त्रियाँ ही करती हैं। बड़े शहरो में पानी की पूर्ती टैंकर व्दारा पूरी हो रही है। टैंकर शहरी सीमा से दूर जाकर ग्रामीण क्षेत्रों से भू-जल पानी निकाल कर शहरी क्षेत्रों में मुहया कराते हैं। वास्तव में यह गाँव के पानी की चोरी करना है। टैंकर वाले भू-जल का अंधाधुंध शोषण कर रहे है। उन पर धरती से निकाले हुये पानी का वर्षा-पानी से पुनः भरने का कोई कानूनन दबाव नहीं है। हमारा सब का, टैंकर मालिक सहित, नैतिक दायित्व है कि जितना पानी हम धरती से निकालते हैं कम से कम उतना तो, उसे (भू-जल भण्डारों को) लौटा ही दें।

विडम्बना यह है कि शहरों में वर्षा का पानी व्यर्थ बह जाता है। प्राकृतिक व्यवस्था के अनुसार इसे तो भूमि के अन्दर रिस के भू-जल भंडारो का संवर्धन करना था यानी उनको भरना था। शहरीकरण होने से रिसने के खुली कच्ची धरती के क्षेत्रफल में निरन्तर भारी कमी आ गई है। यह काम तालाबों व्दारा भी सम्पन्न होता है। पर वे भी शहरीकरण और खेती के किये भूमि उपलब्द्ध कराने के चक्कर में मिटते गये। इस ओर अब ध्यान दिया जा रहा है। कुछ बड़े शहरों में मकानो और बड़े आवासीय परिसरो (हाउसिंग सोसाइटियों) में वर्षा जल संरक्षण (व्हाटर हारवेस्टिग) अनिवार्य कर दिया गया है।

गिरते भू-जल स्तर के दुष्परिणाम

आधुनिक खेती मानसूनी वर्षा पर निर्भर नहीं है। वह पूरी तरह से सिंचाई पर निर्भर है। सिंचाई के लिये पानी बोर कुओं से निकाला जा रहा है। परिणाम स्वरूप, पूरे देश का भू-जल स्तर बहुत नीचा होता जा रहा है। देश के कुछ भागों मे, विशेषकर महाराष्ट्र में तो जल स्तर इतना नीचे चला गया है कि खेतो में पूरी सिंचाई ही नहीं हो पाती। पूरे विश्व में अपने देश में ही सब से अधिक भौमिजल निकाला जाता है। भविष्य में पूरे देश में महाराष्ट्र जैसी संकटमई स्थिति बनने में देर नहीं लगेगी।

आधुनिक संसार में पानी सभी प्रकार के उद्योगों में ज़रुरी भूमिका निभाता है। कहने का मतलब यह है कि पानी सभी प्रकार के उद्योगों का किसी न किसी रूप में आवश्यक कच्चा माल है। कहीं तो इसका उपयोग स्पष्ट दीखता है जैसे ताप विद्युत उत्पादन में और कागज़ के उत्पादन में। पर कुछ अन्य उद्योगो में जैसे कपड़ा बनाने की फैक्टरी में पानी स्पष्ट रूप से तो लगता नहीं दीखता। मगर उद्योग के कच्चे माल की, यानी कपास, की खेती सिंचाई बिना हो ही नहीं सकती।

पानी की कमी से उद्योग ठप्प हो जायेंगे जिससे बेरोज़गारी बढ़ेगी। फलस्वरूप प्यास और भूख से मरती जनता अपने भरण-पोषण के लिये छीना-झपटी और मार-काट करने पर उतारू हो जायेगी। हताश जनता गाँवो से शहर की ओर पानी के लिये दौड़ेगी क्योकि शहरो में पानी की व्यवस्था गाँवों की तुलना में अधिक सुदृढ़ होती है। पानी की कमी झेलते हुये देशों की जनता पानी सम्पन्न देशो में ज़बरन घुसने का भी प्रयास करेगी। यह कोरी कल्पना नहीं है। हम देख रहें हैं कि पानी के लिये तरसती उत्तरी एफ्रिका की जनता पानी सम्पन्न यूरोपीय देशों की ओर चोरी-छिप के पलायन कर रही है। इस पलायन को रोकने के लिये युद्ध भी छिड़ सकता है।

गहराते भू-जल स्तर के घातक परिणामः हरे-भरे क्षेत्रों का मरुस्थलीकरण

गहराते भौजिजल स्तर का असर कृषी उत्पादिकता पर असर तो फ़ौरन ही दीखने लगता है। पर इसका सब से अधिक क्रूर असर क्षेत्र की हरियाली पर पड़ता है। इसके गहराने से भू-जल बड़े वृक्षों की जड़ो की पहुँच से बाहर हो जाता है। जड़ों को पानी न मिलने से देखते देखते ही पेड़ मुरझाने लगता है। उसकी पत्तियों से वाष्पीकरण तो स्वतः होता रहता है। पर जड़े पत्तियों से वाष्प बने पानी की दुबारा पूर्ती नहीं कर पातीं। इसलिये पेड़ सूख जाता है। सूखी लकड़ी के चोर तो इसी ताक में रहते हैं कि कब पेड़ सूखे और अपना उल्लू सीधा करें।

पत्तियों से वाष्पीकरण होने से वातावरण में ठंडक रहती है। तभी तो गर्मी की धूप में सब सड़क के किनारे पेड़ों की छाया में चलना पसन्द करते हैं। उनके कट जाने या सूख जाने से वायु मण्डल और धरती का तापक्रम बढ़ जाता है। यह दोनों मिल कर धरती की घास को भी सुखा देते हैं।

चिकनी मिट्टी के कण जो घास की जड़-पाश में बन्धे रहते है, वे घास के सूखने पर स्वतंत्र हो कर वर्षा के बहते पानी के साथ चल पड़ते हैं। मिट्टी भरा गन्दला पानी अन्तःत नदियों व्दारा बाँधो में पहुँचता है। उनमे पहुँच कर चिकनी मिट्टी के कणों को बाँध के तल में बैठने का मौक़ा मिल जाता है। उनके उतरोत्तर बैठते जाने से बाँधो की पानी भराव क्षमता कम होती जाती है। तल में चिकनी मिट्टी (सिल्ट) की तह बन जाने से पानी का भूमि में रिसना भी रुक जाता है।

यदि मटीला बहता हुआ पानी क्षेत्रीय तालाब से जा मिलता है तो ऊपर बखान करी क्रिया तालाब के तल में दुहराती है। प्रकृती ने जगह जगह तालाब इसलिये ही बनाये थे कि वे बहते वर्षा पानी को अपने में अस्थाई शरण दें ताकि पानी को भूमि रिसने को अधिक समय मिल जाय।

मिट्टी की तह का आधार चट्टान ही होती है। यदि मिट्टी की तह पतली है, जैसे पहाड़ी ढ़ालों पर तो वह सब बह कर चट्टान को "मिट्टी रहित" भी कर सकती है। 'जीवन' पनपने के लिये मिट्टी की ज़रुरत होती है। कोरी चट्टानो पर खेती-बारी नहीं हो सकती और अन्य प्रकार का 'जीवन' भी नहीं पनप सकता। पहाड़ियाँ मिट्टी के अभाव में विरान हो जायेगी। मिट्टी का रक्षा करने के लिये धरती के वक्ष पर घास और पेड़ो का रहना ज़रुरी है।

कुल असर यह होता है कि क्षेत्र धीरे धीरे मरुस्थल में तबदील होने लगता है। अफ़सोस इस बात का है कि अपने देश के कई क्षेत्रो में, विशेषकर अरावल्ली क्षेत्रों में ऐसा होना शुरु हो गया है। इस नकरात्मक गतिविधियों में राजनैतिक दलों और माफ़िया की मिलीभगत होती है। शिक्षित समाज ही इसको रोक सकता है।

पानी के प्रति उदासीनता क्यों

हमारी धरती पर मनुष्य, पशु-पक्षी, अनेक प्रकार के जीव-जन्तु, वृक्ष व अन्य वानस्पातिकि पनप रहे हैं। धरती ही उनको पनपने के लिये आधार देती है। हवा में लटकते हुये वे नहीं पनप सकते। पानी को भी टिकने के लिये आधार चाहिये। 'जीवन" पनपने के लिये, धरती, पानी और हवा की ज़रुरत होती है। अनेक जीव-धारी समुद्र में रहते हैं। पर समुद्रों का आधार भी धरती ही है।

परमात्मा ने मनुष्य का स्वभाव ऐसा अजीब बनाया कि जिन वस्तुओं पर - धरती, पानी और वायु - उसका जीवन पूरी तरह से निर्भर है, उनके बारे में वह उदासीन रहता आया है। अपनी अज्ञानता में वह उनका निरादर करता आया है। कहते हैं न कि रोज़-रोज़ मिलने से एक दूसरे के प्रति आदर की भावना ख़तम हो जाती है

विश्व जल दिवस - 22 मार्च

विश्व स्तर पर पानी की प्रति मनुष्य घटती उपलब्धी की ओर ध्यान खींचने के लिये संयुक्त राष्ट्र ने वर्ष 1992 में ब्राज़ील (दक्षिण एमेरीका) में गोष्ठी करी और देशों से आग्रह किया कि वे इस विषय पर जागरूकता फैलाने के लिये 22 मार्च को विश्व जल दिवस के रूप में मनायें।

अपने देश में पानी की समस्या इतनी गम्भीर है कि अनेक बड़े शहरों में - बंगलूरु, चेन्नाई, हैदराबाद, नागपुर, कानपुर, अहमदाबाद आदि - "डे ज़ीरो" की स्थिति में शीघ्र ही पहुँच जायेगें। "डे ज़ीरो" का मतलब है कि पानी की इतनी अधिक कमी है कि घरों में नलों व्दारा पानी का वितरण नहीं हो सकेगा। बड़े शहरों में ऐसी स्थिति कई वर्ष पहले ही बन चुकी है, क्योकि वहाँ के झुग्गी इलाको में पानी के लिये कतार लगा के स्त्रियों को पानी टैकर आने का इन्तज़ार करना पड़ता है। शहर बनाने

की योजनाओ में भूमिगत पानी तो निकाला गया पर उनके ख़ाली स्थानो के वर्षा पानी से पुनः भण्डारण की ओर ध्यान नहीं दिया गया।

देश भर में गर्मी शुरु होते ही छोटी नदियाँ सूख जाती है। निर्धन स्त्रीयों को गर्मी शुरू होते ही नदियों के तट पर बालू में गड्ढा खोद कर उसमें बूँद-बूँद जमा होते पानी को उलीच कर बाहर निकालते देखा जाता है। ऐसे दृष्य देश भर में देखने को मिलते हैं। यह भारतीय समाज के लिये बहुत शर्मनाक बात है कि पानी की कमी से पैदा हुई दीनता को देख कर भी उसकी आत्मा उसको कचोटती नहीं।

अपने देश के पानी प्रबन्धन से जुड़े विशेषज्ञ सब एकमत हैं कि यदि वर्षा की हर बूँद सहेज ली जाय तो हम पानी की कमी से निबट सकते हैं। पूरा वर्षा पानी धरातल पर सहेज कर नही रखा जा सकता। इसको तो केवल भू-जल के रूप में ही सुरक्षित रखना होगा।

प्राकृतिक धामों का ताबड़तोड़ विनाश

हमारी ऑद्योगिक गतिविधियों ने प्राकृतिक धामो/भण्डारो को नष्ट कर दिया है। भूमि में पानी के भण्डार या धाम का बनना पिछले अध्यायों में विस्तार से समझाया गया है। प्रकृति इनको करोड़ो-करोड़ वर्षो के अथक परिश्रम से ही बना पाई थी। इनको मनष्य प्रजाति ने विकास के नाम पर "चुटकी" भर समय में ही समूल नष्ट कर दिया। मनुष्य छलाँग लगा कर मंगल ग्रह तक या उससे भी आगे ज़रुर पहुँच सकता है। पर इनको पुनरावृत नहीं कर सकता।

धाम तो अनेक कारणो से नष्ट हुये। पर मुख्य रूप से कागज़, सीमेन्ट व धातुओं - लोहा, एल्युमिनियम, ताँबा - व कोयला आदि का उत्पादन है। इनके अयस्को में पानी के अच्छे

धाम बनते हैं। कागज़ बनाने के लिये पेड़ और बाँस के झुण्ड काट दिये गये हैं।

प्राकृतिक धामों का असमान बँटवारा

प्रकृति नें पूरी धरती पर पानी के स्त्रोतों का बंटवारा समान रूप से नहीं करा। एफ्रीका के एक विशाल क्षेत्र में, जिसको हम सहारा के नाम से पहचानते हैं, पानी की इतनी अधिक कमी है कि वह मरुभूमि में बदल गया है। अपने ही देश में असमान बंटवारा देखा जा सकता है। पश्चिमी राजस्थान में थार की मरुभूमि है जहाँ वर्षा का सालाना मान बहुत कम है। उधर पूर्वी भारत में विश्व के सर्वाधिक वर्षा वाले क्षेत्र भी हैं।

पूर्वी भारत में उसके भूमि के अन्दर के भण्डार एक मीटर गहराई पर मिल जाते हैं, दक्षिणी भारत व राजस्थान के कुछ क्षेत्रों में पानी इतनी अधिक गहराई पर है कि उसे शारिरिक परिश्रम से डोल व्दारा खींच कर नहीं निकाला जा सकता। अब तो 100-300 मीटर की गहराई से बोर पम्प की सहायता से पानी निकाल कर सिंचाई करी जा रही है। पर कौन कितना पानी निकाल रहा है इस पर कोई नियंत्रण नहीं है।

मिट्टी की तहों की किस्मे

चट्टानों के ऊपर मिट्टी की तहे भी कई प्रकार की हैः

- जलोढ मिट्टी के कणों के बीच की ख़ाली जगहों में असीमित मात्रा में पानी भरता है। ऐसी ही मिट्टी से गंगा-ब्रह्मपुत्र का विशाल मैदान बना है।
- बालूइ मिट्टी और बालू की तह के कणो में वर्षा पानी शीघ्र ही घुस जाता है। ऊपर का बालू नीचे जमा हुये पानी को सूर्य के प्रचंड ताप से बचाता है। इसलिये वह वाष्पीकरण से भी बचा रहता है। सौभाग्यवष राजस्थान

की मरुभूमि में कम गहराई पर अपारगम्य चट्टान है। बालू में वर्षा-पानी आसानी से घुस कर चट्टान के ऊपर अपनी पैठ बनाता है। कभी-कभी ऐसे समाचार बड़े हास्यापद लगते हैं कि पश्चिमी मरु-प्रदेश में बाढ आ गई।

- ✶ चिकनी मिट्टी - इस मिट्टी की तह से पानी का नीचे की ओर रिसना बन्द हो जाता है। यदि इसकी तह तालाब या नदी के तल पर बन गई तो उस तालाब का पानी भूमि में नहीं रिसता। गाँव के कच्चे घरो की दीवारो पर चिकनी मिट्टी का लेप इसी उद्देश्य से करा जाता है ताकि वर्षा में कच्ची दीवार गीली हो कर ढह नहीं जाय।
- ✶ जिन चट्टानो पर मिट्टी का जमाव नहीं होता था, उनके ऊपर की मोटी तह रासायनिक क्षरण से भौमिकी गत काल में खोखली हो गई थी (इसकी विस्तार से चर्चा करी जा चुकी है)। इस खोखली तह में वर्षा-पानी शीघ्र घुस कर उसको अस्थाई आश्रय देता है। अन्तःत यह पानी चट्टानो की दरारों में भीतर की ओर रिसता जाता है।

भू-पृष्ठ पर तालाबों में वर्षा-पानी तुरन्त भर जाता था और फिर आराम से भूमि में रिसता रहता था। तालाब की ढलाने काँस आदि से भरी रहती थीं। शहरीकरण के कारण अनेको तालाबो का अधिग्रहण किया जा चुका है जिससे वे सदा के लिये मिट गये हैं। उनकी जगह पक्के फ़र्ष और पक्की सड़को आदि ने ले ली हैं। यह पानी के लिये अपारगम्य हैं। इनके ऊपर हुई वर्षा के पानी को व्यर्थ बह जाना पड़ता है।

भूमि में वर्षा जल भरने में पेड़ो की महिमा

गणतंत्र भारत की प्रथम राष्ट्रीय सरकार के मंत्री श्री के. एम. मुन्शी की सोच बहुत गहरी थी। उन्होने वृक्ष और वनो की

भू-जल भण्डारों में वर्षा-जल भर भरने की और वातावरण का तापक्रम को कम करने में वृक्षो की केन्द्रीय भूमिका को भली प्रकार समझा था। वृक्षारोपण के प्रति राष्ट्रीय स्तर पर चेतना और जागरूकता फैलाने के उद्देश्य से वर्ष 1950 से जुलाई के प्रथम सप्ताह में "वन महोत्सव" मनाने का राष्ट्रवापी पर्व मनाने की योजना बनाई थी। वृक्षारोपण सरकारी स्तर पर होता ज़रुर था, मगर जन-साधारण इस महत्वाकांक्षी योजना का भागीदार न बन पाया। कुछ समय में यह योजना महज़ सरकारी खानापूर्ति ही रह गई। इसके अतिरिक्त वनो की कटाई पर रोक नहीं थी। तराई व अन्य स्थानो पर वनों का सफ़ाया होता गया। इसका कुल नतीजा यह रहा कि राष्ट्रीय स्तर पर भारत में वृक्षों की कुल संख्या में भारी गिरावट आई।

संयुक्त राष्ट्र के अनुसार संसार के प्रमुख देशों में प्रति मनुष्य वृक्ष संख्या इस प्रकार हैः

कनाडा -------- 8953

रूस -------- 4461

यू.एस.ए -------- 716

चीन ------- 102

भारत ------- 28

अपने जीवन काल में हर मनुष्य लगभग 740 कि.ग्रा ऑक्सीजन की खपत करता है। इतनी ऑक्सीजन पैदा करने के लिये लगभग 422 वृक्ष प्रति मनुष्य चाहिये। वृक्षों के अभाव में वातावरण के सामान्य तापक्रम में एक डिग्री सेलसियस की बढ़त होती है। स्पष्ट है कि यह इसलिये होता है क्योंकि पेड़ो से होता वाष्पोत्सर्जन वातावरण ठंडा रखने में विशेष भूमिका निभाता है। पेड़ों की छाया धरती को गरम होने से बचाती है। इसलिये वृक्षारोपण भारत के लिये नितान्त ज़रुरी है।

अध्याय का निचोड़

आशा है यह सत्य अच्छी तरह से मन में बैठ गया होगी कि मीठे पानी के धामो की कुदरती बनावट से बिल्कुल भी छेड़-छाड़ नहीं करनी है। उनको हमेशा उनकी प्राकृतिक अवस्था में बनाये रखने में ही जगत की भलाई है। अगर यह मिट गये तो हम इनको फिर से नहीं बना सकते। इनकी हिफ़ाज़त करना हमारा धर्म होना चाहिये। पर हम तो इनको नष्ट करने पर तुले हुये हैं।

भाभर पट्टी के पत्थरो का खनन भारी मात्रा में हो रहा है। पत्थर ख़तम हो गये तो खोखली जगहे भी साथ में ख़तम हो जायेगी। पश्चिमी घाट्स में ऊपर की खोखली तह, जो लेटेराइट्स खनिजों की बनी हुई है, का भी खनन हो रहा है। तराई और पश्चिमि घाट्स के जंगल लकड़ी के लिये काटे जा रहे हैं। जंगलो का भी सफाया हो जाने से उनकी भूमि को चीरती हुई जड़े सूख जाती हैं। भूमि मे पानी घुसने के रास्ते बन्द हो जाते है। वर्षा तो अपनी जगह हो जायेगी ही। अन्दर न घुस पाने से वर्षा का पानी व्यर्थ बह जायेगा।

नदियों के किनारे से पेबल्स और बालू का खनन हो रहा है। वर्षा का पानी इनके बीच की ख़ाली जगहो में अपना अस्थाई निवास बनाता है। वर्षा थमने बाद यह पानी भूमि में रिसता रहता है। रिस कर भी वह नदी के पानी से ही जा मिलता है। राजनैतिक नेता इनके खनन को रोकने के लिये कड़े क़दम नहीं उठाते हैं। उनका कहना है कि नदी स्वयं ही इनका नवीकरण करती रहती है। नवीकरण करने की क्षमता केवल हिमालय से निकली हुई नदियों में केवल सीमित मात्रा में है। यह अफ़सोस की बात है कि भ्रष्ट राजनैतिक नेता वैज्ञानिक सच्चाई को समझने के लिये तैयार नहीं हैं। इसलिये स्वयं समाज को ही सजग प्रहरी या चौकिदार बनना है।

नर्मदा नदी कि दोनो तटों से उन पत्थरों का खनन भारी मात्रा में हुआ है जिनमें पानी के धाम बनते हैं, जैसे लाइम-स्टोन, संगमरमर। फिर जंगलो को भी काट दिया गया है। अधिकारिक तौर पर यह घोषणा कुछ माह पूर्व (सितम्बर 2019) ही करी गई है कि इन हरकतों से नर्मदा में बहने वाले पानी में स्पष्ट रूप से कमी आई है। मध्यप्रदेश, महाराष्ट तथा गुजरात राज्यों को मिल कर ऐसी गतिविधियों पर रोक लगानी चाहिये। नहीं तो सरदार सरोवर का भविश्य ख़तरे में पड़ जायेगा। इस सरोवर से तीनों राज्यों को लाभ मिलता है।

अध्याय 11

भारत का गोडवाना, गोंड समाज और पानी

आमुख

सब के मन में यह उत्सुकता ज़रुर जागी होगी कि अपने देश से हज़ारों किलोमीटर सुदूर दक्षिणी गोलार्थ के विशाल भू-खण्ड का नाम अपने देश की गोंड प्रजाती - गोंड - के नाम पर गोंडवाना लैण्ड कैसे पड़ा। यह नाम एक विदेशी (ऑस्ट्रिया) भौमिकी विशेषज्ञ का सुझाया हुआ है। पूरे विश्व की भरोसेमन्द भौमिकी जानकारी गत कुछ दशकों में ही हासिल हुई है। ऑस्ट्रिया के विशेषज्ञ को पूरे विश्व की भौमिकी की तुलनात्मक समीक्षा से यह बात पकड़ में आई कि मध्यभारत की भौमिकी, दक्षिणी गोलार्थ में पान्गिया के टूटने से बने विशाल भू-खण्ड से बहुत मेल खाती है। क्योकि मध्यभारत के आदि निवासी गोंड कहे जाते थे, उन्होने उस विशाल भू-खण्ड का नाम "गोंडवाना लैण्ड" रख दिया।

गोंडवाना शब्द भारत के मध्य प्रदेश, छत्तीसगढ़ और तेलंगाना राज्यों के पठारी और पहाड़ी हरे भरे क्षेत्रों में 9वी और 13वीं शताब्दी में बसने वाली "गोंड" नाम से जानी वाली मनुष्य की प्रजाति का सम्मान करता है। वास्तव में यह कोंड शब्द का बिगड़ा हुआ रूप है।

वाल्मिकी रामायण में गोंड प्रदेश

वाल्मिकी रामायण में यह बताया गया है कि इस प्रदेश में कोल, भील और गोंड नाम की प्रजातियाँ बसती थीं। आधुनिक विज्ञान के अनुवांशिक लक्षणों का अध्ययन करने वाले बताते हैं कि आज की आबादी का "जीनोम" बताता है कि इन आदि प्रजातियों में अन्तर जाती विवाह होते थे। अब इस मिश्रित समाज को गोंड नाम से पुकारा जाता है। राजस्थानों में भील समाज को देखा जा सकता है। अब तो गोंड प्रजाती के लोग देश के अन्य प्रदेशो में कहीं भी पाये जासकते हैं।

वास्तव में कोंड शब्द का अर्थ हैः "हरा भरा" यानी वृक्षो से भरा हुआ। वाल्मिकी रामायण में स्पष्ट रूप से बताया गया है कि यह प्रदेश घने जंगलो से भरा हुआ था। इसमें राक्षसो का वास था। अपने वनवास की अवधी बिताने के लिये श्री राम ने ऋषी-मुनियो की सलाह पर, अपने कौशल राज्य की सीमा के बाहर, वर्तमान नासिक, के समीप, अपनी पर्णकुटी बनाने का निश्चय करा ताकि ऋषीयों के यज्ञों में बाधा डालने वाले निषीचरों को मारा जा सके। पुरातीन कथाओं में इस स्थान को "जनस्थान" कहा गया है।

पर्ण्कुटी घने जंगलो से घिरी थी। राक्षस यानी निशीचर रात में ही निडर वनों में घूमते रहते थे और तप करते ऋषीयों के यज्ञ में बाधा डालते थे। इसलिये लक्ष्मणजी रात भर जाग कर सीताजी और भगवान राम कीं रक्षा करते थे। रात में विचरण करते हुये निशीचर शूर्पनखा की नज़र राम और लक्ष्मण पर पड़ी और वह उन पर मोहित हो गई। राक्षस जाति की एक ख़ूबी यह थी कि वे इच्छानुसार रूप धारण कर लेते थे।

इस स्थान पर रावण का राज्य था और प्रदेश का "राज्यपाल" उसका भान्जा, खर, था। वह अपने छोटे भाई - दूषण - के साथ

राज्य का कारबार सम्भालता था। शूर्पनखा उनकी बहन थी। वाल्मिकी रामायण से लेकर तुलसी रामायणों में इस बात का ज़िक्र मिलता है। रावण के राज्य का फैलाव यहाँ तक होने का सब से बड़ा और विश्वसनीय प्रमाण तो यह है कि भारत के दंडकारणय क्षेत्र में कई स्थानो पर रावण के मन्दिर मिलते हैं और दशहरे पर रावण का पुतला नहीं जलाया जाता। मध्यप्रदेश के मन्दसौर ज़िले में भी नहीं जलाया जाता अग्र उसे दामाद का स्थान दिया जाता है क्योंकि उसकी पत्नी मन्दोदरी का नैहर यही शहर है।

गोंड समुदाय

भारत की इस प्रजाती की ख़ूबी यह है कि इनका कोई वर्ग 'पिछड़ेपन' का शिकार है तो वहीं दूसरा वर्ग अति प्रगतिशील भी है। इस वर्ग ने मध्य भारत पर चार सौ वर्षों तक राज किया। इनके व्दारा शाषित चार प्रमुख - गरबा-माँडला, देवगढ़, चाँदा और खेराले राज्य मध्यभारत में थे। इन्होंने मराठों और दिल्ली के मुग़ल राजाओं से भी टक्कर ली।

यह समाज की भलाई के लिये करे गये अनेकों कामों के लिये विशेषरूप से जाने जाते हैं।

सामाजिक भलाई में गोंड राजाओं की रुचि

गोंड राजाओं ने समझ लिया था कि प्रति वर्ष स्वच्छ पानी का मूल साधन वर्षा है जो मात्र तीन माह में निबट जाती है। यदि किसी वर्ष वर्षा कम हुई तो समाज में त्राही मच जाती थी। उन्होने यह कड़ुवा सच भली प्रकार समझ लिया था कि पानी के बिना जीवित नहीं रहा जा सकता और कृषी सूख जाती है। वर्षा-पानी के अधिकांश भाग को नदियों में व्यर्थ बहता उन्हें कुचेटता रहता था। इसलिये उनकी सोच में वर्ष के शेष भाग के

लिये व्यर्थ बहते पानी को जमा कर सुरक्षित रखना समाज की पहली ज़रुरत है।

पानी मटकियों में भर कर नहीं जमा किया जा सकता था। इसके लिये वर्षा के पानी को जमा करने का कोई विकल्प खोजना पड़ेगा। गोंड लोगो ने वर्षा-पानी को धरातल के प्राकृतिक गड्ढों मे भरता देखा था। उनकी समझ में यह बात आगई कि पानी भरने लायक़ गड्ढे पठारी धरातल पर उन स्थानो पर बनते हैं जहाँ चट्टानी धरातल की स्थलाकृति तश्तरी नुमा हो जाती है यानी किनारे की ओर उठान से घिरे गड्ढे बनते हैं। गड्ढों मे बरसाती पानी भर जाने से तालाब बनते हैं। गड्ढे जितने बड़े और गहरे होंगे उतना ही बड़ा तालाब भी होगा। बड़े गड्ढे के पानी भराव को झील कहते हैं।

तालाब का पानी उनके पास ही रहता था जिसका उपयोग वे अपनी सुविधा के अनुसार कर सकते थे।

तालाब बनाने की प्रथा का आरम्भ

गोंड समाज ने वर्षा के पानी को स्थानीय ढलान पर व्यर्थ बहते देखा था। उसकी समझ में बात भी आई कि क्यों न ढलान के छोर पर मज़बूत ऊंची पाल बनाई जाय जिसके पीछे वर्षा का व्यर्थ बहता हुआ पानी रोक कर जमा किया जाये। इस तरह के जमाव ने अन्तःत तालाब का रूप ले लिया। एक गांव में कई तालाब बनाये जाने लगे। ग़ैर बरसाती समय में उनको कभी पानी की कमी नहीं महसूस हुई। गोंड समाज तालाब के लिये उपयुक्त स्थान और तालाब बनाने की तकनीकि में पारंगत था।

उसने जगह-जगह पर तालाब बनाने शुरु कर दिये और सुविधाजनक स्थान देख कर छोटी जल-धाराओं का पानी रोकना भी शुरु कर दिया।

भोपाल का "बड़ा तालाब" गोंड प्रजाति की सूझ-बूझ से बना

इतिहास-विज्ञो के अनुसार देश में गोंड समाज की तालाब बनाने की ख्याति फैली हुई थी। कहा जाता है कि ग्यारहवीं सदी में तत्कालीन राजा भोज को किसी साधु ने सलाह दी कि उसे समाज हित के लिये ऐसा बड़ा तालाब बनवाना चाहिये जिसको 365 से अधिक छोटी नदियों के व्यर्थ बहते हुए पानी से भरा जा सके। धरातल पर खोजने पर भी कहीं भी इतनी जल-धाराये नहीं मिली। इसलिये स्थान का चयन करने के लिये कालिया नाम के गोंड सरदार को ज़िम्मेदारी सौंपी गई। उस काल में गोण्ड प्रजाती में तालाब बनाने के स्थान का चयन करने की महारत हासिल थी। उसने आवश्यक नम्बर की जल धाराओं की संख्या भूमिगत धाराओं से पूरी करने की सलाह दी। उसको भूमिगत सोतों का ज्ञान कैसे हुआ, इसके बारे में कुछ कहा नहीं जा सकता। गोंड सरदार की सलाह से बना बड़ा तालाब अब भोपाल की शोभा बढ़ाता है। सैंकड़ो वर्षो तक यह विश्व में मनुष्य व्दारा बनाया हुआ सब से बड़ा पानी का भंडार बना रहा।

गोंड राजा और समाज कल्याण

इतिहास बताता है कि समाज कल्याण के लिये गोंड राजाओं ने अनेको तालाब, झीले आदि बनवाये। इस कार्य में अग्रणी रानी दुर्गावती और इसी वंश के चन्देल राजा थे। उन्होने अपने शासन काल में अनेको तालाब बनवाये जो अब भी जीवित हैं। गोंड राजा स्वयं तो तालाब बनवाते ही थे पर समाज को भी यह पावन काम करने के लिये बढ़ावा देते थे।

इस सम्बधं में मध्य प्रदेश के किसी भाग में एक कहानी प्रचलित है कि एक गाँव में चार भाई - कूड़न, बुढ़ान, सरमन और कौंराई - सुबह उठ कर खेत में काम करने जाया करते थे।

उनका दोपहर का भोजन घर से एक बेटी पोटली में बांध कर लाती थी। एक दिन घर जाते समय बेटी के पैर में एक नुकीले पत्थर से ठोकर लग गई। गुस्से में उसने नुकीले पत्थर को अपनी दरांती से उखाड़ने की कोशिष करी। पर देखते ही देखते उसकी लोहे की दरांती सोने की हो गई। वह हैरान हो गई और जैसे ही उसके पिता अपने भाइयों के साथ खेत से लौट कर घर आये, उसने उन को एक सांस में पूरा किस्सा बता दिया। चारों भाईयों की समझ में आगया कि वह पत्थर कोई साधारण पत्थर नहीं है। वह तो "पारस" पत्थर है जिसके छूने भर से लोहा सोने में बदल जाता है। पारस पत्थर सचमुच में कुछ चीज़ नहीं है। यह कहानियों में ही रहता है। वे उस पत्थर को राजा के पास ले जाते हैं। पर राजा उसको लेने से इन्कार कर देता है। राजा पारस पत्थर और सोना वापिस करते हुये उनसे कहता है कि तुम इस धन से अच्छे काम करते रहना। तालाब बनाने से अच्छा और क्या काम हो सकता क्योंकि सिंचाई से खेती लहलहायेगी। यानी पूरी धरती सोना उगलने लगेगी। चारो भाइयो ने तालाब बनाने का काम बड़े उत्साह से शुरु कर दिया। आज भी मध्यप्रदेश के पाटन क्षेत्र में चारों भाइयो के नाम के चार तालाब मिलते हैं।

जबलपुर के पास कूडन गोंड व्दारा बनाया गया तालाब आज लगभग हजार वर्ष बाद भी काम आ रहा है।

रानी दुर्गावती और समाज कल्याण

इसी समाज से रानी दुर्गावती थीं, जिन्होंने थोड़े समय में अपने क्षेत्र के एक बड़े भाग को तालाबों से भर दिया था। इतिहास में चंदेल और - बुंदेल वंषो के राजाओ के नाम आते हैं। इन राजाओं के समय झाँसी के निकट बने बरुआ और अरजर सागर तालाब आज भी सिंचाई के काम आते हैं। ऐसा कहा जाता है कि महाराजा छत्रसाल के राज्यकाल में उनके पुत्र को संयोगवश

एक गुप्त खजाना मिला था। राजा ने अपने पुत्र को आदेश दिया कि यह धन प्रजा का है। इसलिये वह धन का उपयोग जनता की भलाई के लिये करे। महाराजा ने उसे सलाह दी कि वह क्षेत्र के पुराने तालाबो की मरम्मत कर उनको नई ज़िन्दगी दे और पुराने मिट्टी से बने कच्चे बाँधो को चूना-पत्थर से पक्का करवाये।

राजाओं ने वर्षा-जल इकट्ठा करने के लिये स्थानीय जल धाराओं पर बांध बनवाये थे। वे दो पहाड़ियो के बीच बहती छोटी छोटी नदियो के मार्ग में मिट्टी की ऊँची सी दीवार बना के पानी का बहाव रोक देते थे। इस से बहाव की विपरीत दिशा में पानी का भराव हो जाता था। इस तरह कच्चे काम चलाऊ बाँध पहाड़ियो के बीच व्यर्थ बहते पानी का जमाव करते थे ताकि उससे फ़सले उगाई जा सके।

इसमें कोई दो राय नही है कि स्वतंत्र भारत में सरकारो और समाज ने तालाबो का महत्व नहीं समझा था। दोनो की लापरवाही और उदासीनता से तालब मिटते गये पर अब केन्द्रीय तथा राज्य सरकारे बड़ी चुस्ती से तालाबो की मरम्मत और उनकी साफ़-सफ़ाई का काम कर रही हैं। आशा है कि हम बिगड़ी हुई हालत को बदल सकने में कामयाब होंगे।

अध्याय 12

“धरती पर महाभूतो” के समन्वय से “जीवन”

आमुख

पुस्तक के आरम्भ में बताया गया था कि धरती को “जीवन” साधने योग्य बनाने के लिये प्रकृती ने अपने पाँच कारिन्दे चुने थे। यह कारिन्दे हैं: धरती, वायु, पानी, अग्नि (सूर्य) और व्योम अथवा आकाश। इनमें प्रथम चार की भूमिका तो स्पष्ट दीखती है, पर व्योम की नहीं। सूर्य का ताप और प्रकाश धरती तक व्योम के माध्यम व्दारा ही पहुँचता है। सौभाग्यवष दोनो के बीच कोई रुकावट नहीं है। पर आकाशमण्डल में प्रकाश किरणो को रोकने वाली अप्रत्यक्ष रुकावटें भी हैं। अन्तरिक्ष वैज्ञानिक इन रुकावटों को “ब्लैक होल” कहते हैं। इनका गुरुत्वाकर्षण बल इतना अधिक है कि वह प्रकाश किरणों को भी अपने अन्दर खींच लेता है।

लेखक स्पष्ट कर देना चाहता कि “पँच तत्व” प्राकृतिक बल हैं जिनके माध्यम से प्रकृती ने धरती के आवरण को अनेक तरह से सजाया है - हिमाच्छादित पर्वत शिखरो, पहाड़, मैदान, जल धाराओं, जंगल, सागर आदि। पँच तत्वों अथवा महाभूतों के सामूहिक प्रयास से भौमिकी गतिविधियो के सहारे ऐसा सम्भव हुआ। इसकी विस्तृत चर्चा करी जा चुकी है। “पँच तत्व” का वैदिक ग्रन्थों में उल्लेख होने का यह मतलब नहीं है कि

यह किसी धर्म विशेष से जुड़े हैं। यह पूर्णतया वैज्ञानिक भाषा है। इन्गिलिश भाषा के शब्द "एलीमेंट" का शाब्दिक अनुवाद "तत्व" है जिसका आमतौर पर मतलब रासायनिक तत्वों जैसे हाइड्रोजन, लोहा, ताँबा आदि से समझा जाता है। किन्तु वैदिक साहित्य में इस शब्द का बहुत व्यापक मतलब लिया गया है यानी वे प्राकृतिक बल जो जगत निर्माण के मूल कारक हैं।

धरती पर "जीवन" साधने की मूलभूत आवश्कतायें

सूर्य से पैदा हुये लावे के अति गरम पृथ्वी के गोले को "जीवन" पनपने योग्य, धरती, बनाने में प्रकृती को करोड़ो-करोड़ वर्ष लग गये। इसकी विस्तार से चर्चा लेखक ने पिछले अध्यायों में करी है। वृक्ष व सब जीव-धारियों को पनपने के लिये धरती के अलावा पानी, वायु (हवा) और ताप की ज़रुरत होती है। 15-16°C तापक्रम के नीचे स्थूल जीवन यानी आँखो से दीखने वाले जीव-धारी नहीं पनप सकते। पथरीली और बालूभरी भूमि पर हरियाली नहीं पनप सकती, पानी के अभाव में या उस की 'अति' (या अधिकता) में भी जीवन नहीं पनपता; वायु ज़रुरी है किन्तु जीवनदायिनी वायु जब आँधी, तूफान व बवन्डर का रूप ले लेती है तो वह तबाही मचाती है। अब तो साँस लेने लायक़ साफ हवा भी नहीं मिलती; उसमे अनेक तरह की विषैली गैसे मिली रहती हैं; उनकी मात्रा भले ही कम हो किन्तु वे कम मात्रा में होने पर भी मनुष्य के स्वास्थ्य के लिये हानिकारक हैं। अत्यधिक ताप ऊर्जा में भी "जीवन" पनपना सम्भव नही है।

पाँचो (धरती, पानी, वायु, प्रकाश अथवा ताप और आकाश) महाभूतों ने एक जुट हो कर धरती पर मनुष्य "जीवन" सार्थक या सम्भव किया है। यह सन्देश वैदिक ग्रन्थों में एक श्लोक के ज़रिये स्पष्ट रूप में दिया गया है कि मानव शरीर पाँच महाभूतो व्दारा रचा गया है। यह श्लोक हैः

क्षिति जल पावक गगन समीरा। पंच रचित अति अधम शरीरा॥

“जीवन” पनपने के लिये, पृथ्वी पर पाँचो महाभूतों में सामजस्य अथवा तालमेल होना ज़रुरी है। तालमेल बैढाने की क्रिया को समन्वय कहते हैं। पाँचो महाभूतों की प्रकृती या उनका स्वभाव एक दूसरे से भिन्न है। इसलिये यदि किसी भी एक महाभूत में ज़रा सा भी परवर्तन होता है तो समन्वय टूट जाता है। “पँच तत्वो” ने एक दूसरे के साथ समर्पित भाव से मिल कर धरती पर मनुष्य व अन्य प्राणियो का पोषण करने योग्य ‘वातावरण’ सुनिश्चित करा है।

पाँचों महाभूतो में आपस में समन्वय रहने के कारण धरती पर मानव व अन्य प्राणी-जगत गत लगभग बारह हज़ार वर्षो से पनपता आया है। अवश्य ही इस लम्बे समय में कई प्रजातियाँ मिट गईं और उनके स्थान पर नई प्रजातियों का विकास हुआ।

अगर महाभूतों में किसी एक की भी स्थिति गड़बड़ा गई तो इनका समन्वय टूट जाता है। इसी तरह जैसे बैल गाड़ी के दोनो पहियो की परिधि एक समान होनी चाहिये, यानी दोनो पहियों की चाल मे सामनजस्य होना चाहिये; तभी बैल-गाड़ी एक इकाई के रूप में आगे बढ़ सकेगी। पहियों की परिधि में अन्तर होने से गाड़ी का आगे बढ़ना कठिन हो जाता है। इसको इस तरह भी कह सकते हैं कि पहियों का आपसी तालमेल गड़बड़ा जाता है।

क्यों टूट रहा है समन्वय; तालमेल कैसे गड़बड़ाया

वर्तमान ऑद्योगिक युग ने परम्परा से चले आ रहे समन्वय को मानुष्यिक गतिविधियों ने कई तरह से विकृत किया है या तोड़ दिया है। उनके विकृत होने से अब ऐसी स्थिति बन गई है कि प्राणीमात्र के अस्तित्व के सामने ही प्रश्न चिन्ह लग गया है।

समन्वय टूटने के कई कारण हैं। इसके लिये मनुष्य की पिछले दस दशको की ऑद्योगिक गतिविधियाँ ही मुख्य रूप से ज़िम्मेदार हैं:

* प्रकृति की बनाई हुई धरती की स्थलाकृति का खनन जैसी गतिविधियो से ताबड़-तोड़ विध्वन्स। फलस्वरूप, धरती की प्रकृतीव्दारा स्थलाकृति ही बदल गई है।
* भूमि के अन्दर पानी के धामो का विकृतिकरण
* वृक्षो और हरियाली घासों का काटना
* वायु मण्डल से खिलवाड़ करना।

'खिलवाड़' बहुत व्यापक शब्द है। इसमे ऑद्योगिकरण के सब पहलु समा जाते हैं। इस समय लेखक का आशय यह है कि ऐसी गतिविधियों का अन्तिम स्वरूप यह है कि पारम्परिक वायुमण्डल के चरित्र में कई तरह के बदलाव आये हैं जैसे उसमें कार्बन डाइऑक्साइड गैस की मात्रा में बढ़त होना, धुऐं व अन्य तरह के धूल कणों का समाना और हानिकारक गैसो से प्रदुषित होना आदि।

ऑद्योगिकरण के पहले कार्बन डाइऑक्साइड की मात्रा वायुमण्डल में <0.035% के लगभग सैंकड़ो वर्षो से बनी हुई थी। पर अब यह मात्रा बढ़त की ओर है। किन्तु अब भी <0.045 से कम है। इस मामूली दीखने वाली बढ़त के परिणाम बहुत घातक हैं।

वायुमण्डल में ऑद्योगिकरण के लिये ताप-ऊर्जा की केन्द्रीय भुमिका होती है। इस के बिना ऑद्योगिकरण हो ही नहीं सकता। ताप-ऊर्जा कोयले और पेट्रोलियम पर आधारित ईंधनो के दहन अथवा जलने से प्राप्त होती है। दहन वायु मण्डल की ऑक्सीजन गैस के सहारे होता है। दहन प्रक्रिया में ईंधन का कार्बन अंश और वायुमण्डल की ऑक्सीजन मिल कर कार्बन-

डाइऑक्साइड गैस बनाते हैं। इस गैस को वायुमण्डल में मुक्त रूप से छोड़ दिया जाता है। इसके अलावा कोई और चारा भी नहीं है। ईंधनो की खपत बढ़ने का मतलब यह हुआ कि वायु मण्डल में उत्सर्जित की जाने वाली कार्बन-डाइऑक्साइड की मात्रा भी निरन्तर बढ़ती जा रही है।

कार्बन-डाइऑक्साइड का विघटन

वायु मण्डल की कार्बन-डाइऑक्साइड का विघटन उसके मूल अवयवो - ऑक्सीजन व कार्बन - में स्वतः होता रहता है। यह प्रक्रिया वृक्षों के हरे पत्ते व घासे (सूर्य से प्राप्त प्रकाश) प्रकाश-ससंलेष्ण (फोटो-सिन्थेसिस) प्रक्रिया व्दारा सम्पन्न करते हैं। इसका कोई और विकल्प नहीं है। लगातर कोशिषों के बावजूद वैज्ञानिक इस प्रक्रिया का विकल्प नहीं खोज पाये हैं। धरातल पर हरियाली की कमी होने से उत्सर्जित करी हुई सब कार्बन डाइऑक्साइड का विघटन नहीं हो पाता। फलस्वरूप वायुमण्डल में कार्बन डाइऑक्साइड की मात्रा निरन्तर बढ़ती जायेगी। इस तरह महाभूतों में आपस में परम्परा से चला आने वाला तालमेल या सामजस्य गड़बड़ा जाता है।

ऑद्योगिक क्रांति से पहले उद्योग से निकल ने वाली कार्बन-डाइओक्साइड की मात्रा बहुत कम थी और भू-पृष्ठ पर हरियाली भी फैली हुई थी। उस समय वायुमण्डल में फेंकी हुई सब कार्बन डाइऑक्साइड गैस का प्रकाश-ससंलेष्ण प्रक्रिया व्दारा विच्छेदन हो जाता था। इस तरह वायुमण्डल में गैसो का आपस में समन्वय बना रहता था।

ऑद्योगिक क्रान्ति का आधार ईंधनो की उतरोत्तर बढ़ती हुई खपत पर टिका हुआ है। एक ओर तो वायुमण्डल में उतरोत्तर बढ़ती हुई मात्रा में कार्बन डाइऑक्साइड गैस छोड़ी जा रही है और दूसरी तरफ़ जंगलो की व्यापक कटाई से हरियाली

कम होती जा रही है। इसलिये उत्सर्जित करी हुई सब कार्बन डाइ ऑक्साइड का प्रकाश-ससंलेष्ण प्रक्रिया व्दारा विघटन या विच्छेदन नहीं हो पा रहा। नजीतन वायु मण्डल में कार्बन डाइऑक्साइड की मात्रा में बढ़त हो रही है, अलबत्ता बहुत धीमे दर से।

समुद्र भी वायुमण्डल की कार्बन डाइऑक्साइड का शोषण करता है

कार्बन डाइऑक्साइड गैस पानी में घुलनशील है। सोडा व्हाटर की बोतल में यही गैस मशीनो व्दारा घोली जाती है। किन्तु समुद्र का पानी वायुमण्डल की कार्बन डाइऑक्साइड गैस को स्वयं सोखने अथवा घोलने में सक्षम है। समुद्र की लहरें बराबर वायु के सम्पर्क में रहती हैं और वे उसकी कार्बन डाइऑक्साइड गैस का स्वतः शोषण करती हैं। ऐसा अनुमान है कि वायुमण्डल में विसर्जित करी हुई समस्त कार्बन डाइऑक्साइड गैस का आधा भाग समुद्र में समा जाता है।

आमतौर पर नमकीन समुद्र पानी रासायनिक स्तर पर क्षारीय होता है। पर पानी में कार्बन डाइ-ऑक्साइड घोल का रासायनिक स्वभाव आम्लिक होता है। यह दो परस्पर विरोधी स्वभाव हैं। समुद्र के क्षारीय पानी में कार्बन डाइ-ऑक्साइड घुलने का मतलब यह है कि समुद्र का क्षारीयपन कम होजाता है। मगर कुलजमा रहता क्षारीय ही है। समुद्र वैज्ञानिक इस क्रिया को समुद्र का आम्लीपन की ओर झुकाव कहते हैं।

जलवायु विशेषज्ञ वायुमण्डल में कार्बन डाइऑक्साइड गैस की बढ़त को वैश्विक ऊष्मीकरण का ज़िम्मेदार मानते हैं। इस दृष्टिकोण से स्थिति इतनी गम्भीर होती जा रही है कि धरती पूर्ण विनाश की कगार पर खड़ी है। 'करेला और नीम चढ़ा' जैसी स्थिति बन गई है।

ताप ऊर्जा का विकल्प सौर ऊर्जा के उपयोग से विद्युत शक्ति का अधिकाधिक उत्पादन है। इस प्रक्रिया में ईंधन की खपत नहीं होती। इसलिये वायुमण्डल में कार्बन डाइऑक्साइड का उत्सर्जन भी नहीं होता। सौर विद्युत का ताप-विद्युत के बदले इस्तेमाल करने से कार्बन डाइऑक्साइड का उत्सर्जन कम किया जा सकता है। युरोपीय देश फ्रान्स में ईंधन के दहन से विद्युत शक्ति का उत्पादन बन्द हो गया है। सौर बिजली के उत्पादन में हमारा देश विश्व के अग्रणी देशों में माना जाता है।

समुद्र के अम्लीकरण की ओर झुकाव का पर्यावरण पर प्रभाव

समुद्र में रहने वाले अनेको जीव-धारियो का अस्तित्व उसके क्षारीयपन पर निर्भर करता है। क्षारीयपन के ज़रा से बदलाव का सब से पहला असर समुद्र के अन्दर बसने वाले कोरल प्रजातियों पर पड़ता है। वे मिटने लगते है। उनसे बने कोरल व्दीप समूह भी मिटने लगते हैं। कोरल की कुछ प्रजातियाँ जो छिछले समुद्र में पलती हैं, उनका अस्तित्व समुद्र के स्थानीय तापक्रम पर भी निर्भर करता है। भारत के नैशनल सेन्टर फॉर कोस्टल रिसर्च (NCCR) के अनुसार मन्नार की खाड़ी में समुद्र सतह से चार मीटर गहराइ तक तापक्रम में 5°C की वृद्धि दर्ज़ करी गई है। इसके तहत ख़ूबसूरत रंगो के धनी कोरल्स के रंग ब्लीच हो रहे हैं; वे विरंजित हो रहे हैं अथवा उनका रंग उड़ रहा है; यह उनके विनाश की ओर जाने का पहला निशान है। यह सेन्टर उनके पुनर्वास का कार्यक्रम भी चला रहा है।

तालमेल टूटना - वैश्विक ऊष्मीकरण का मूल कारण

जलवायु विशेषज्ञो का मानना है कि वायुमण्डल में कार्बन डाइऑक्साइड की तनिक सी बढ़त से वैश्विक या भूमण्डलीय

ऊष्मीकरण हो रहा है। भूमण्डलीय ऊष्मीकरण एक विचारधारा है। संक्षेप में, ऊष्मीकरण की वजह से पृथ्वी की निकटतस्थ वायुमण्डलीय सतह और महासागरो का औसत तापक्रम गत 100 वर्षों से लगातार वृद्धि की ओर है। यह औसत तापक्रम वर्ष 2005 तक के 100 वर्षो में लगभग 0.74°C बढ़ गया है और अब अभी बढ़त जारी है।

"औसत तापक्रम" किसी स्थान विशेष का तापक्रम नहीं है। यह तो एक अवधारणा है जिसको अन्तर-राष्ट्रीय मानको पर निकाला जाता है। इस तापक्रम की बढ़त को वैश्विक या भूमण्डलीय ऊष्मीकरण कहा जाता है।

वैश्विक या भूमण्डलीय ऊष्मीकरण के परिणाम

धरती पर मीठे पानी की उपलब्धी पर भूमण्डलीय ऊष्मीकरण की गहरी मार पड़ रही है। मौसम चरम सीमाये लाँघ रहा है। अधिक गर्मी की वजह से दोनो ध्रुवों की हज़ारो वर्षो से जमी बरफ़ की टोपियाँ पिघल रहीं हैं। इस प्रक्रिया से बने पानी का समुद्र में समाने के अलावा और कोई रास्ता नहीं है। इससे उसका जलस्तर ऊपर उठ रहा है। इसके कारण अनेको समुद्र के समकक्ष स्तर वाले टापू जलमग्न होगये हैं। बाँगलादेश का निचला भाग व भारत के समुद्री किनारे भी जलमग्न हो सकते हैं। कुछ आबाद टापूओं के ऊपर भी ख़तरे के बादल मंडरा रहे हैं।

ऊँचे पहाड़ो के हिमनदो के पिघलने की रफ़तार तेज़ हो गई है। इसको हिमनदो का सिकुड़ना कहा जाता है। गंगा का स्त्रोत गंगोत्री हिमनद और यमुना का यमुनोत्री हिमनद भी सिकुड़ रहे है। विशेषज्ञ चिन्तित हैं कि यदि यह मिट गये तो इसका असर गंगा और यमुना के बहाव पर अवश्य पड़ेगा।

सिंचाई आदि की पानी की माँग की पूर्ती नियत समय पर हो रही वर्षा परम्परा से करती आ रही है। किन्तु यह अब नहीं

हो रहा है क्योंकि भूमण्डलीय ऊष्मीकरण की वजह से वर्षा के 'मिज़ाज' में बदलाव आ गया है। 'मिज़ाज बदलने' से लेखक यह सन्देश देना चाहता है कि वर्षा कब, कितनी और कहाँ होगी, इसका पूर्वानुमान नहीं लगाया जासकता। कहीं एकाएक अतिवर्षा की और कहीं सूखे की स्थिति बन जाती है। पहली दशा में उसका पूरी मात्रा में भूमिगत "धामों" में भंण्डारण नही हो सकने के कारण व्यर्थ बह कर समुद्र मे वापस चला जाता है, फिर लम्बे समय तक सूखा।

इसके अलावा आबादी की अनियमित वृद्धि हो जाने से पानी की चौतरफा माँग भी बढ़ी है। भू-जल भण्डारों में सीमित पानी होने की वजह से, उनका पानी लेने के लिये मार-काट की स्थिति बन जाती है। आपसी मार-काट रोकने के लिये कई जगहों पर सैनिक बल का सहारा भी लेना पड़ जाता है।

इसके अलावा पानी के धरती के अन्दर संचय करने के धाम खानिजों के खनन से नष्ट हुये ही पर साथ में जंगल कटने, मैदानी लम्बी जड़ वाली घासों के कटने और शहरीकरण होने से धामों तक वर्षा पानी पहुँचाने के रास्ते भी मिट गये हैं।

महाभूतो को पहनाया देवत्व का जामा

ताकि हम पर्यावरण के किसी एक पहलू से कोइ खिलवाड़ न करे, वैदिक संस्कृति में सब महाभूतों को देवत्व का स्थान दे कर उनको पूज्यनीय बना दिया था। हमारी संस्कृति में अब भी किसी भी धार्मिक अनुष्ठान में पाँचो महाभूतों को अभिमंत्रित कर बुलाया जाता है। इस पुस्तक में लेखक अपने को केवल पानी तक ही सीमित रखेगा।

अध्याय 13

वेदों में पानी का गुणगान

वैदिक संस्कृति में जल/पानी का अनेक प्रकार से गुणगान करा है। ऋग तथा अर्थव वेदों में उसकी वन्दना का स्वरूप ऐसा बनाया गया है कि साधारण मनुष्य पानी के मूल महत्व को समझ कर उसका आदर करे:

हे जल ! तुम से ही हमारे जीवन का उद्‌गम है तुम ही अपना अमृतमयी पेय हमें देते हो हम तुमसे प्रार्थना करते हैं कि तुम हमें अपने सुगन्धित जल से ऐसी शक्ती व उर्जा दो ताकि हम सैदव प्रसन्न व उत्साहित रहें तुम मां कि भाँति हमें बच्चा समझ के वह सुरभित रस प्रदान करो जो हमारे जीवन का स्त्रोत है। हे जल ! तुम देव तुल्य हो। तुम से ही हमारा स्वास्थ्य है तुमसे ही हमें जीवन दायिनी उर्जा मिलती है। तुम ही हमारे भाग्य विधाता हो! हम तुमसे याचना करते हैं कि तुम्हारा जल हमारे लिये अनुकुल व शुभ रहे हमें सदैव अपने सुगन्धित जल से कृतार्थ करते रह्ना।

जल के सर्वव्यापी रूप को पहचानते हुए, उसकी गरिमा की वन्दना इस प्रकार हुईः

हे कल्याणकारी जल! जो तुम पृथ्वी की जलधाराओ में और उसके पावन जलाशयो में हो

तुम जो भूमि कि मिट्टी में और भूमि के भीतर कुओं में हो तुम जो आकाश के बादलों में, मेघ और सागरों में हो हे देव!

तुमको हमारा प्रणाम! तुम हम पर सदैव अपनी कृपा बनाये रखना तुम्हारी मात्र उपस्थिति में ही हमारा मंगल निहित है।

(सन्दर्भः धरती पर पानी (डॉ राजेंद्र कुमार व डा. श्रुती माथुर) राजस्थान हिन्दी ग्रन्थ अकादमी, जयपुर)

भारत के अलावा युनानी मिथ-कथाओ में पानी-प्रबन्धन के विविध क्षेत्रो के अलग-अलग देवी/देवता बताये गये हैं। हम "टीथाईज़ समुद्र" की चर्चा कर चुके हैं। टीथाईज़ समुद्र के देवता 'ओसियानस' की पत्नी थी। इन दोनो की कई हज़ार पुत्रियाँ हैं जिनको कथाओं में अप्सरा बताया गया है। यह अप्सराये वास्तव मे वे हज़ारो नदियाँ हैं जो अपना मुहाना समुद्र में बनाती हैं।

भारतीय गाथाओं में पानी स सम्बन्धित दो देवता हैं। इन्द्र वर्षा और बादलो के देवता हैं और वरुण समुद्र के देवता माने गये हैं। समुद्र मन्थन से अनेक वस्तुयें बाहर निकली। इनमे एक स्त्री भी थी जिसने वरुण (सागर के देवता) से विवाह किया और वह वरुणी कहलाई। वरुणी को जल यानी साफ़ पानी की देवी माना जाता है।

एक हज़ार वर्षो की दासता की ज़जीरों में बँधे रहने के कारण हमने पानी को उसके वन्दनीय स्थान से हटा कर, तिजारती माल बना दिया। यहीं से शुरु होती है, उसके ह्रास की कहानी।

भारत में नदियों की सामाजिक प्रतिष्ठा

भारतीय लोकाचार में पानी के रूप में नदियाँ अनेक भाषी देश को एकता के सूत्र में बाँधती हैं। नदियाँ तो संसार के हर देश में है किन्तु भारत ही एक ऐसा देश है जहाँ नदियों की देवी स्वरूपा मान कर वन्दना और आराधना की जाती है। भारतीय संस्कृति में नदियों के प्रति श्रध्दा की भावना से ओत-प्रोत हो कर थाइलैण्ड नरेश ने वर्ष 1915 में अपनी एक प्रमुख नदी का

नाम भारत की तापी नदी के नाम पर रख दिया। वैसे भी मेकोंग नदी का नाम स्वयं में "माँ गंगा" का अपभ्रंश है।

एकता के सूत्र में पिरोती नदियाँ

देश को एकता के सूत्र में हमारी नदियाँ ही पिरोती हैं। हमारे हृदय में इस बात की गाँठ डालने के लिये हिन्दु कर्मकाण्ड में सब धार्मिक अनुष्ठानो में उत्तर से दक्षिण भारत की प्रमुख नदियों को निम्न श्लोक का उच्चारण कर के आमंत्रित किया जाता है:

"गंगे च यमुने चैव गोदावरी सरस्वती

नर्मदे सिन्धु कावेरी जलेस्मिन सन्नधिं कुरु"॥

एक अन्य श्लोक में नदियों को पुकार कर उनसे याचना करी जाती है

"गंगा सिन्धु सरस्वती च यमुना गोदावरी नर्मदा। कावेरी शरयू महेन्द्रतनया चर्मवती वेदिका क्षिप्रा नेत्रवती महासुर नदी ख्याता जया गण्डकी पूर्णा-पूर्ण जले : समुद्र सहित : कुर्वन्त में मंगलम॥"

इस श्लोक का अर्थ है:

"ओ गंगा, सिन्धु, सरस्वती, यमुना, गोदावरी, नर्मदा, कावेरी, शरयु, महेन्द्रतनया, चर्मवती, वेदिका, क्षिप्रा, नेत्रवती, महासुरनदी, जया और गण्डक आप सब पवित्र नदियाँ सागर के साथ मुझ पर कृपा करें और सुख समृधी का आशीर्वाद दें"।

इस श्लोक में हिमालय पर्वत, मध्य भारत की पठारी उच्च भूमि और पश्चिमी घाट्स से निकलने वाली बड़ी नदियों के नाम तो हैं ही पर साथ में अपेक्षाकृत कम ऊँचे और "घिसे-पिटे" पूर्वी घाट्स से निकलने वाली छोटी नदियों को भी नहीं भुलाया

गया है। उनको बड़ी नदियों के बराबर का स्थान दिया गया है। पूर्वी घाट्स में महेन्द्रगिरी नाम का छोटा सा 'पहाड़' है। इस पहाड़ से महेन्द्रतनया (यानी महेन्द्र की पुत्री) नाम से छोटी सी नदी निकलती है। पानी के दृष्टिकोण से यह 'जल सुफलम' है। ओडिसा और आँध्रप्रदेश की सरकारे इस छोटी सी नदी पर अपने अपने क्षेत्र में बाँध बना रही हैं।

गंगा - सब नदियों का प्रतिकात्मक स्वरूप

गंगा जन मानस से जुड़ी हुई सब पावन नदीयों का प्रतिकात्मक स्वरूप है। सब देश वासियों की उसके प्रति अपार आदर और श्रद्धा की भावना है। इसके स्वर्ग से धरती पर अवतरण की अनेको कथायें गढ़ी गई हैं जिनमे से कुछ का वर्णन हम कर चुके हैं। हमारे प्राचीन काल के विव्दानो (ऋषियो) की विलक्षण क्षमता थी कि वे कठिन वैज्ञानिक यतार्थता को ऐसी कहानियों के माध्यम से जनता तक पहुँचाते थे जो उनकी भावनाओं को किसी प्रकार की ठेस नहीं पहुँचाती थीं। इसी तरह की कथाये दक्षिण भारत की नदियों से भी जुड़ी हुई हैं।

दक्षिण की गंगा - कावेरी

अब हम दक्षिण की गंगा मानी जाने वाली कावेरी से जुड़ी कथा बताते हैं। कावेरी का शब्दार्थ है सूखी बंजर भूमि को उपजाउ बनाने वाली नदी। यह काम कावेरी प्राचीन काल से अब तक करती आ रही है। इसलिये तामिल भाषा में इसे पौन्नी यानी सोना उगलने वाली नदी भी कहा जाता है। पश्चिमी घाट्स के सह्य पर्वत की ब्रहमगिरी पहाड़ियो (कूर्ग) में तालकावेरी नाम के स्थान से इसका उद्गम हुआ है। यहाँ यह झरने के रूप में एक छोटे तालाब में पहले गिरती है फिर एक बड़े तालाब में। इस स्थान पर सह्य पर्वत की पुत्री के रूप में उसकी

मूर्ती बनी हुई है। क्योंकि इसका मुहाना बंगाल की खाड़ी में है इसलिये कहानियों में कहा गया सह्य पर्वत ने अपनी पुत्री का विवाह समुद्र से किया। इसके बहाव के पूरे रास्ते इसे प्रदेश की पुत्री के रूप में ही देखा जाता है। यह अलग बात है कि आधुनिकता की मार में यह परम्परा भुलाई जा रही है। इस के पानी के बँटवारे को लेकर करनाटक और तामिल नाडु की सरकारों में अकसर तनातनी की स्थिति बन जाती है।
कावेरी के जन्म से सम्बन्धित पौराणिक कथाओं में कहा गया है कि किसी अतीत काल में कवेर नाम के राजा हिमालय पर्वत पर ब्रह्मा जी को प्रसन्न करने के लिये तपस्या कर रहे थे। प्रसन्न हो कर ब्रह्मा जी ने उनसे कहा "तुम पुत्री की चाह में तपस्या कर रहे हो। तुम मेरी ही एक पुत्री विष्णुमाया, जो वास्तव में नदी है, को अपनी पुत्री मान कर पालो"। विष्णुमाया का दूसरा नाम लोपामुद्रा था। बाद में ब्रह्माजी ने लोपामुद्रा को आदेश दिया कि वह अगस्त्य ऋषी से विवाह कर ले। आदेशानुसार लोपामुद्रा ऋषी के कम्ण्डल में समा गई।

कुछ समय बाद दक्षिण में भयानक सूखा पड़ा। ब्रह्माजीको मालुम था की जलधारा कावेरी का अगस्त्य ऋषी के कमण्डल में निवास है। उन्होने ऋषी को सह्य पर्वत पर तपस्या के बल पर सूखे की स्थिति को समाप्त करने को भेजा। उधर विष्णुजी भी आँवले के पेड़ के रूप में वहाँ विद्यमान थे। उनको मालुम था कि ऋषी के कमण्डल में कावेरी लोपामुद्रा के रूप में रह रही है। आँवले के रूप में विष्णुजी को प्रणाम करते समय ऋषी का कमण्डल लुढ़क गया और कावेरी नदी के रूप में निकल कर प्रदेश को पानी धन्य कर दिया। इसलिये आँवला वृक्ष को विष्णु भगवान का रूप मान कर पूजा करनी शुरु हो गई। आँवला वृक्ष हर मन्दिर के प्रांगड़ में देखा जाता है।

सरस्वती सभ्यता का फैलाव और देश की नदियाँ

अगस्त्य ऋषी का घोर अतीत में उत्तर से दक्षिण की तरफ पलायन करने के समय सम्भवता भारत भूमि में पानी का सूखा पड़ा हुआ था। सूखे से पहले उत्तर-पश्चिम क्षेत्र में सरस्वती नदी बहती थी। पूरा क्षेत्र जल- सम्पन्न था। उसके ही तट पर वैदिक संस्कृति पनपी थी। किन्तु प्रचण्ड भौमिकी उथल-पुथल होने के कारण सरस्वती विलुप्त हो गई। पर इसके साथ ही हिमालय से निकलने वाली प्रदेश की अन्य नदियाँ भी सूख गईं। पूरा प्रदेश भयंकर सूखे की चपेट में आगया। इस सर्वनाश करने वाली भौमिकी उथल-पुथल के वैज्ञानिक मान्यता प्राप्त साक्ष्य मिले हैं।

भूख और प्यास से मारी जनता को वहाँ से भारी पैमाने पर पलायन करने के अलावा और कोई चारा नहीं था - कुछ जनता ने पूर्व की ओर पलायन करा और कुछ ने दक्षिण की ओर। अगस्त्य ऋषी दक्षिण की ओर पलायन करने वालों के प्रतीक बन गये। सह्य पर्वत पर पहुँच कर उनको जल भरी कावेरी नदी दिखाई पड़ी। वे वहीं रुक गये।

इसी तरह पूर्व की ओर पलायन करने वाले समुदाय को गंगा-यमुना का पानी भरा संगम दिखाई पड़ा। सहसा उनको को अपनी सरस्वती याद आई। उन्होने इस स्थान को त्रिवेड़ी कहा कि सरस्वती यहाँ भूमिगत है। दक्षिण और यमुना से पूर्व का हिस्सा भी उत्तर-पश्चिम की भौमिकी उथल-पुथल से प्रभावित नहीं था।

गोदावरी और दुर्भिक्ष

इसी तरह गोदावरी का प्रगट होना भी दुर्भिक्ष से जुड़ा है। कथाओ में कहा गया कि महाराष्ट्र और आस-पास के प्रदेशों में भयंकर

सूखा पड़ा। भूख से व्याकुल जनता में त्राहि मची हुई थी। उस समय गौतम ऋषी अपने सप्तऋषी तारामण्डल के स्थाई निवास से धरती पर नासिक के निकट त्रयम्बक नामक स्थान पर तपस्या कर रहे थे। जनता को भूख से निदान दिलाने के लिये उन्होने ब्रह्मा जी से वरदान माँगा। ऋषी की भावनाओं का आदर करते हुये, ब्रह्माजी ने उनको धान की कम पानी में तैयार होने प्रजाती दी। इस धान के सहारे उन्होने अपनी शरण में आई हुई जनता की भूख मिटानी शुरु कर दी। फिर क्या था। उनके आश्रम में आने वाले मनुष्यो का तांता लग गया। लौटते समय वे सब अपने साथ इस उन्नत धान के बीज लेते गये। ऋषी का आश्रम उनके लिये तीर्थ स्थल जैसा पवित्र बन गया। मराठी भाषा में तीर्थ यात्रा को "वारी" कहते हैं। अपनी यात्रा के सम्मान में उन्होने इस उन्नत प्रजाती के धान को "वारी" कहना शुरु कर दिया। केरल में अब भी धान की एक किस्म को वारी कहा जाता है।

गौतम ऋषी की ख्याति फैलती देख कर उनके प्रतिव्दन्दी ऋषीयों मे खलबली मच गई। उनको नीचा दिखाने के लिये कपटी ऋषीयों ने षड्यंत्र रचा। उन्होने गौतम ऋषी के खेत में काले जादू के बल पर एक गाय खड़ी कर दी। जैसे ही गौतम ऋषी उसे हाँकने के लिये खेत में पहुँचे, वह गाय मृत हो कर गिर गई। कपटी ऋषीयों ने गौतम ऋषी को गो-हत्या का दोषी घोशित कर दिया। सहज ह्रदय ऋषी गौतम ने उन कपटियों से ही गो-हत्या के पाप से मुक्ति पाने का उपाय पूछा। कपटी ऋषियों ने कहा कि वे यदि गंगा के पानी से स्नान करें तो पाप मुक्त हो जायेंगे। कहाँ नासिक और कहाँ गंगा! यह करना ऋषी के लिये असम्भव प्राःय था।

तुरन्त ही गौतम ऋषी शिवजी की साधना में लीन होगये। उनको मालुम था कि शिवजी ने स्वर्ग से उतरी सुरसरी को

अपनी जटाओं में समेट रखा है। सर्वव्यापी भगवान को ऋषी के छले जाने का कपट पूरा मालुम था। गौतम ऋषी की तपस्या से प्रसन्न हो कर उन्होने उस स्थान पर प्रगट हो कर अपनी जटा को ज़रा सा खोल दिया। तुरन्त ही गंगा की एक धारा उस स्थान पर फूट निकली। गंगा की इस धारा को गोदावरी कहते हैं। गंगा को "सुरसरी" माना जाता है। इसलिये गोदावरी की महिमा बढ़ाने के लिये इसको "बूढ़ी गंगा" भी कहा जाने लगा।

इस नाम से अनेक भौमिकी तथ्यो पुष्टी होती है। यह दक्षिण पठार की पश्चिमी घाट्स से निकलने वाली नदी है। उस समय हिमालय पर्वत का अस्तित्व नहीं था। गंगा का जन्म तो हिमालय बनने के बाद ही हुआ। यह नदी भी उतनी ही कल्याणकारी है जितनी की गंगा। इसलिये अब इसे बूढ़ी गंगा भी कहा जाने लगा।

इस तरह सब नदियाँ गंगाजी का प्रतिकात्मक स्वरुप हैं। पूरे देश को एक सूत्र में पिरोने वाला 'धागा" यही है। हमने केवल दक्षिण की गंगा कही जाने वाली कावेरी नदी और बूढ़ी गंगा कही जाने वाली गोदावरी का ही ज़िक्र करा है। जैसे समाज हित के लिये गंगा स्वर्ग से धरती पर आई, उसी तरह कावेरी और गोदावरी भी समाज की विपदा हरने के लिये ही धरती पर आईं हैं। पानी की कमी से पैदा हुये दुर्भिक्ष से बढ़ कर अन्य कोई विपदा नही हो सकती।

नदियाँ और हमारे पर्व

हमारे ही देश में नदियोंके तट पर ही विशाल "कुम्भ मेलो" का आयोजन होता है। पूर्वी भारत का महान पर्व "छठ" नदी तट पर ही मनाया जाता है। श्रीराम ने अपने पिता दशरथ का श्राद्ध नदी तट पर ही सम्पन्न किया था। हमारे देश में ही नदियों का जन्म दिन उत्सव के रूप में मनाने की परम्परा है। गंगाजी का

धरती पर अवतरण प्रति वर्ष "गंगा दशहरे" के रूप में मनाया जाता है। इसी प्रकार बरसाती नदी तापी या ताप्ती का जन्म दिन - असाढ़ माह का सातवाँ दिन,- वर्षा ऋतु के आरम्भ में, बड़े उत्साह से मनाया जाता है। इसका स्त्रोत सतपुड़ा पहाड़ियो का पूर्वी छोर, मध्य प्रदेश में बेतुल के निकट एक तालाब है। वर्षा उपरान्त ही तापी नदी मे "नया" पानी आता है। वर्षा का मूल कारक सूर्य है का ताप है। इसलिये इस नदी को सूर्य पुत्री भी कहा जाता है। नदी का मान यह कह कर किया जाता है कि जो पाप नर्मदा दर्शन व गंगा स्नान से नष्ट होते हैं, वे तापी का मात्र स्मरण करने से ही नष्ट हो जाते हैं।

जन्म दिन मनाने के विपरीत, कावेरी का उसके जन्म स्थल सह्य पर्वत से अपनी "ससुराल" समुद्र से मिलने जाने को कन्या की विदाई समान मान कर हर वर्ष सावन के महीने में मनाया जाता है।

नैतिकता का ह्रास

यह कहना बहुत लज्जास्पद लगता है कि हमारे पूर्वजो ने नदियों को पूज्यनीय माना और जल-सम्पन्न हालत में हम को विरासत में दिया, उनको हम अपनी आगे की पीढ़ियो को शायद दे ही नहीं पायेंगे। गत सौ वर्षो के अल्पकाल में उनकी दुर्दषा कर डाली। कुछ तो धरती पटल से मिट ही गईं।

भारतीय मानुष का चरित्र नैतिक मूल्यो के प्रति चिरकाल से उदासीन रहता आया है। कौरवो की सभा में द्रोपदी का वस्त्रहरण होते देख कर भी भीष्म पितामह सहित सभी गुरुजन मूक दर्शक ही बने रहे। उसकी लाज तो भगवान कृष्ण ने ही बचाई। इसी प्रकार हमारी पावन नदियों की लाज भी भगवान भरोसे है। हरी-प्रेणना से ही समाज के प्रबुद्ध वर्ग ने अब अपनी आवाज़ बुलन्द करनी शुरु कर दी है! इसी में हमें आशा की किरण दिखाई पड़ती है।

हमारी समझ में आने लगा है कि नदी का अकेला अस्तित्व नही होता। पहाड़ो से निकलने के बाद भी उसमें पानी आता रहना चाहिये। नदी धरती के सब से निचले स्थान पर बहती है। ऊंचे पहाड़ो की दरारो में भरा पानी उसे बराबर सींचता रहता है। उस के बहाव को बराबर जारी रखने के लिये उसमें नये पानी की आवक के लिये उन सब घटको का स्थाई रखना ज़रुरी है जिनके रास्ते उसमें पानी आता रहता है। इन सब रास्तो को मानुष्यिक गतिविधियो ने विकृत कर दिया है। कुछ गतिविधियाँ निम्न हैं:

- ✶ नहरो या बांध व्दारा पानी का अत्यधिक निकास,
- ✶ शहरी गन्दे नालो और उद्योग से निकले प्रदुषित पानी का नदियों में छोड़ा जाना,
- ✶ कृषी की सिंचाई के पानी में घुले पेस्टिसाइड्स आदि का भूमि में अन्तःस्रवण जो अन्ततः भौमिजल साधनो को प्रदुषित करता है,
- ✶ वनो की व्यापक कटाई।
- ✶ चरागाहों में अत्यधिक चराई के कारण भूमि घास से निरावृत हो जाती है। घास की जड़े धरातल पर फैली हुई चिकनी मिट्टी या सिल्ट को बाँधे या जकड़े रखती हैं। बकरियाँ अपने नुकीले खुरों से मिट्टी को ख़ुरोच कर खा जाती हैं। बरसाती पानी का हल्का सा बहाव भी चिकनी मिट्टी को अपने साथ बहा ले जाता है। यह मटीला पानी नदी से मिल कर उसके साफ़ पानी को मटमैला कर देते हैं। जब नदी का मटमैला पानी बाँधो को भरता है तो पानी का बहाव रुक जाता है। रुका हुआ पानी चिकनी मिट्टी का भार नहीं वहन कर पाता है। बहाव में पानी में लटकते रहने वाले चिकनी मिट्टी के कण बाँध मे पानी का बहाव रुक जाने से बाँध के तल में बैठने लगते है। और

* नदी की मछलियो का अत्यधिक पकड़ा जाना।

एक बार विकृत हुये घटको (लोकल पारिस्थितिकि) को पुनः पुरानी टिकाऊ स्थिति पर वापिस लाना बहुत कठिन होता है।

एक बात और जो हम ज़ोर दे कर बताना चाहते हैं वह यह कि यह बहुत ग़लत धारणा है कि नदी समुद्र से मिलने तक भूमि को सींचती जाती है। प्रकृती ने तो ऐसी व्यवस्था बनाई थी कि उसकी घाटी के दोनो किनारो की ऊँची भूमि (पठारी और मिट्टी के टीले, दोनो) में संचय हुआ पानी उसको सींचता रहेंगा। यह जब ही सम्भव है जब इनके भीतर की ख़ाली जगहे पानी से भरी होंगी। अगर इनकी ख़ाली जगहों में पानी नहीं है यानी उनका जल स्तर नदी तल से भी नीचे चला गया है, तो नदी ही उनको सींचने लगती है। नदी का पानी भूमि मे रिसने लगता है और ऐसा करने से नदी स्वयं सूख जाती है। अधिकतर नदियों में यह स्थिति बन चुकी है। सिंचाई के लिये गहरे बोर पम्पो की सहायता से इतना अधिक भूमिजल का निकास हो जाता है जिससे ऐसी विषम स्थिति बनती है।

इससे हट कर यह बात भी है कि नदी तल पर चिकनी मिट्टी बेधड़क आने लगी है। पहले नदी के दोनो किनारों पर लम्बी जड़े वाली घास के जंगल थे। यह इतनी घनी होती थीं कि बरसात का मटियाला पानी उनसे छन कर ही नदी से मिल पाता था। यानी चिकनी मिट्टी नदी तक नही पहुँच पाती थी। अब भूमि अधिग्रहरण के नाम पर घास के जंगलो का सफ़ाया हो चुका है। पेड़ भी कट गये हैं। इनकी जड़े भी वही काम करती थीं जो घास की जड़े करती थीं। इन सब का कुल नतीजा यह है कि जो पानी भूमि में रिसना चाहिये था वह अब भगोड़ा बन के नदी के रास्ते समुद्र में पहुँच रहा है। इस को रोकने के लिये वर्षा-पानी

को भूमि में भरने का काम (ग्राउंड व्हाटर रीचार्जिग) के प्रति स्वयं सेवी स़ंस्थाये और सरकारे दृढ़ता से काम कर रही हैं।

इस बात को गाँठ बाँध कर याद रखना चाहिये कि यदि जल है तो "कल" है; नहीं है तो सब उजाड़ है। अगर हम नहीं चेते तो हमारी सभ्यता भी मेक्सिको (अमेरिका) की अति प्राचीन माया सभ्यता की तरह एकाएक विलीन हो जायेगी। ऐसा समझा जाता है कि इस अति विकसित सभ्यताका पूर्ण विनाश वर्षो तक लगातार चले सूखे के कारण हुआ था।

इति

www.ingramcontent.com/pod-product-compliance
Ingram Content Group UK Ltd.
Pitfield, Milton Keynes, MK11 3LW, UK
UKHW040007200726
13854UKWH00001B/93

9 798885 212519